oekom

Selbstverpflichtung zum nachhaltigen Publizieren

Nicht nur publizistisch, sondern auch als Unternehmen setzt sich der oekom verlag konsequent für Nachhaltigkeit ein. Bei Ausstattung und Produktion der Publikationen orientieren wir uns an höchsten ökologischen Kriterien. Dieses Buch wurde auf 100 % Recyclingpapier, zertifiziert mit dem FSC®-Siegel und dem Blauen Engel (RAL-UZ 14), gedruckt. Auch für den Karton des Umschlags wurde ein Papier aus 100 % Recyclingmaterial, das FSC®-ausgezeichnet ist, gewählt. Alle durch diese Publikation verursachten CO_2-Emissionen werden durch Investitionen in ein Gold-Standard-Projekt kompensiert. Die Mehrkosten hierfür trägt der Verlag. Mehr Informationen finden Sie unter: www.oekom.de/nachhaltiger-verlag

Bibliografische Information der Deutschen Nationalbibliothek: Die Deutsche Nationalbibliothek verzeichnet diese Publikation in der Deutschen Nationalbibliografie; detaillierte bibliografische Daten sind im Internet über http://dnb.d-nb.de abrufbar.

oekom verlag, Gesellschaft für ökologische Kommunikation mbH,
Waltherstraße 29, 80337 München

Layout und Satz: Reihs Satzstudio, Lohmar
Korrektorat: Nina Rehbach, München
Umschlagentwurf: Elisabeth Fürnstein, oekom verlag
Umschlagabbildung: © p!xel 66 – Fotolia.com
Druck: EsserDruck Solutions GmbH

Dieses Buch wurde auf 100%igem Recyclingpapier gedruckt.

ISBN 978-3-86581-749-5

Christian Hiß

Richtig rechnen!

Durch die Reform der Finanzbuchhaltung zur ökologisch-ökonomischen Wende

Inhalt

Aus Gründen der besseren Lesbarkeit wird bei einigen Textstellen auf die gleichzeitige Verwendung männlicher und weiblicher Sprachformen verzichtet. Sämtliche Personenbezeichnungen gelten gleichwohl, wenn nicht anders angegeben, für beiderlei Geschlecht.

Vorwort

Die Wirtschaft schmückt sich gerne mit ihrem Engagement für Nachhaltigkeit. In kaum einem anderen Gesellschaftsbereich wird so viel von Zukunft geredet wie in der Wirtschaft. Dabei gedeiht die Wirtschaft in vielfältiger Hinsicht *auf Kosten* der Zukunft, betreibt also Raubbau. Die gesamte Kohle-, Öl- und Gaswirtschaft lebt vom Aufbrauchen von Rohstoffen, die anschließend nicht mehr wiederverwertet werden können. Und die Endprodukte der Verbrennung bewirken möglicherweise eine auf lange Zeit irreversible Klimaveränderung und vor allem Kosten. Der »Markt« schwindelt uns an, was die Endlichkeit des Öls angeht. Erst recht, was die Luft- und Klimabelastung betrifft. Der Kernenergiewirtschaft ist aber kein besseres Zeugnis auszustellen. Die Hinterlassenschaft von radioaktiven Abfällen für Zehntausende von Jahren wächst sich zum ökologischen und ökonomischen Albtraum aus. Energie ist nicht die einzige Form der nicht nachhaltigen Naturnutzung. Die Stoffumsätze verdienen gleiche Aufmerksamkeit. Man kann gut argumentieren, dass die verheerende Vernichtung von Tier- und Pflanzenarten indirekt auf die Materialintensität der modernen Wirtschaft zurückführbar ist. Denn die Stoffströme bedeuten immer irgendwo Eingriffe in Biotope von freilebenden Tieren und Pflanzen.

Ein einzelnes Unternehmen kann aber aus der Energie- und Stoffintensität nicht einfach aussteigen. Die Konkurrenzsituation erzwingt häufig das Raubbauverhalten. Die hauptsächliche Ausrichtung der Geschäftsentscheidungen an der Kapitalrendite bedeutet in aller Regel einen Zwang zur Kurzfristigkeit. Denn die kurzfristige Kapitalrendite ist bei *einer* Aktivität praktisch immer am höchsten: beim schlichten Raubbau. Und so ist es nicht verwunderlich, dass der Raubbau weltweit kräftig an Tempo zugelegt hat, seit die Kapitalrendite praktisch alle anderen wirtschaftlichen Überlegungen aussticht. Ausgestochen wurde nicht zuletzt die Berücksichtigung langfristiger Umweltinteressen und Knappheiten.

Was wir jetzt brauchen ist zweierlei: erstens ein Rahmen, der diejenigen belohnt, die wirklich nachhaltig wirtschaften und der den Raubbau finanziell bestraft oder sogar verbietet, und zweitens eine ökologisch wahrhaftige Betriebswirtschaftslehre. Die Bilanzen der Unternehmen müssen endlich die ökologische Wahrheit widerspiegeln. »Richtig zu rechnen« wäre der sicherste Weg, dem ruinösen Verzehr an Natur- und Sozialkapital etwas entgegenzusetzen. Zukünftig muss sich im Bilanzwert eines Unternehmens zeigen, ob es mit dem zur Verfügung stehenden Gesamtvermögen ausgewogen haushalten kann. Das war in der althergebrachten Ökonomie auch schon so. Leistungen zum Schutz der Böden, der Biodiversität, der Luft, des Wassers und des Klimas sind als Nutzen, nicht als Kosten zu bewerten. Sie sollen auf der Ertragsseite statt auf der Kostenseite der Gewinn-und-Verlust-Rechnung stehen. Das wäre zunächst ein technisch-instrumenteller Vorgang auf der Ebene der betrieblichen Finanzbuchhaltung und Bilanzierung. Aber es wäre letztlich nichts weniger als eine Revolution der Kapitalwirtschaft. Verlangt wird eine neue Sicht der wirtschaftlichen *Produktivität*. So richtig rentabel wird dieser Weg leider erst dann, wenn, wie vorhin gesagt, die Randbedingungen korrigiert werden. Denn sonst besteht immer die Gefahr, dass der Anbieter auf Raubbaubasis mit frechen Billigangeboten die Kunden für sich schnappt (»Geiz ist geil«) und der nachhaltige Betrieb das Nachsehen hat.

Die Internalisierung der externen Effekte in die betriebliche Bilanz, wie sie Christian Hiß in diesem Buch vorschlägt, ist eine längst überfällige Reform, die dazu beitragen soll, die verheerende Kurzfristigkeit des heutigen Wirtschaftsdenkens zu überwinden. Ich wünsche dem Buch große Verbreitung und große Anhängerschaft. Und ich wünsche mir Politiker in Berlin und Brüssel, die die Rahmenbedingungen im Sinne des Hißschen Ansatzes korrigieren.

Ernst Ulrich von Weizsäcker
Kopräsident des Club of Rome

Simpler Denkfehler

»Es muss sich rechnen« ist die viel beschworene Formel jedes erfolgreichen unternehmerischen Handelns. Was sich nicht rechnet, hat in der Wirtschaft keine Chance auf Bestand – und sei es noch so sinnvoll und wichtig. So scheitert an dieser Formel im Moment fast jeder Versuch, dem Wirtschaften eine grundlegend ökologisch und sozial nachhaltige Ausrichtung zu geben. Aber wird überhaupt richtig gerechnet, und wer oder was gibt die Rechenmethode vor?

Angesichts der immensen ökologischen Verluste und sozialen Kosten muss bezweifelt werden, dass die ökonomische Rechnung, der wir folgen, überhaupt stimmt. Es könnte genauso gut möglich sein, dass wir dabei sind, uns gewaltig zu verrechnen. Selbst in der aktuellen Nachhaltigkeitsbewegung werden Ökologie, Soziales und Ökonomie als Gegensätze verstanden und gegeneinander ausgespielt. Aber sie sind keine Gegensätze, sie werden durch einen simplen Denkfehler erst dazu gemacht. Die Aufteilung in Ökologie, Soziales und Ökonomie im Dreisäulenmodell der Nachhaltigkeit ist dazu der bildgewordene Irrtum.

Die Natur und die menschlichen Fähigkeiten sind keine lästigen Nebeneffekte, sondern das grundlegende Vermögen jedes ökonomischen Handelns. Beide müssen in die betriebswirtschaftliche Rechnung einbezogen werden, denn es geht ums Ganze, wenn die viel beschworene Veränderung der Wirtschaft zu mehr Nachhaltigkeit wirklich und erfolgreich umgesetzt werden soll. Dreh- und Angelpunkte dieser Veränderung werden der Kapitalbegriff, die Kapitalrechnung, die Gewinn-und-Verlust-Rechnung sowie die instrumentalen Voraussetzungen der betrieblichen Buchhaltung sein. Sie müssen erweitert werden, denn sie sind unvollständig und greifen zu kurz. In der betrieblichen Ertrags- und Kostenrechnung werden die wesentlichsten Grundlagen des Wirtschaftens, das Natur- und Sozialvermögen als eigenständiger Wert, nicht berücksichtigt. Sie kommen darin nicht vor, obwohl die ganze Wirtschaft auf der Nutzung dieser realen Kapitalvermögen aufbaut. Diese Missachtung unserer Lebensgrundlage in der betrieblichen Rechnungslegung ist ein Unding, dem die ganze Wirtschaft nach wie vor unterliegt und das für die Unternehmen und die Gesellschaft langfristig tatsächliche Risiken ungeahnten Ausmaßes birgt.

Ökologisch und sozial nachhaltiges Wirtschaften wird immer noch der Ethik und dem Idealismus zugeschrieben. Ein weiterer gedanklicher Irrtum, denn soziale und ökologische Leistungsfaktoren sind ökonomische Faktoren. Dies wurde mir augenscheinlich, als ich im Laufe der vergangenen 25 Jahre in meinem landwirtschaftlichen Betrieb darauf bedacht war, den Betrieb so nachhaltig wie möglich zu führen und zu entwickeln. Durch gezielte Betriebssteuerung habe ich die Bodenfruchtbarkeit als wichtigste Grundlage des Wirtschaftens mit geeigneten Maßnahmen aufgebaut und trotz eines an sich intensiven Wirtschaftens auf hohem fruchtbarem Niveau erhalten. Die Haltung von Milchvieh hat den Kreislauf der Fruchtbarkeit im eigenen Betrieb erhalten, denn durch den Anbau von Leguminosenpflanzen für die Tierfütterung und die Verwertung der organischen Abfälle zu betriebseigenem Kompost konnte ich den natürlichen Stickstoff in meinen Betriebskreislauf hereinschaffen und war so nicht auf Ersatzbeschaffung aus organischen Abfällen oder synthetischen Düngern aus osteuropäischen Chemiewerken angewiesen. Ich habe eigenes Saatgut produziert, um den Zugang zu einem der wichtigsten Betriebsmittel, der genetischen Ressource meiner Kulturpflanzen, selbst zu haben. Der Einsatz von zugekauften Hybridsorten hätte diesen Zugang verbaut und mich in eine betrieblich riskante Abhängigkeit von global aufgestellten Saatgutunternehmen gebracht. Weil bei diesen Sorten von der Pflanze kein Samen wiedergewonnen werden kann, muss es jedes Jahr neu vom Züchter gekauft werden. Ich habe den landwirtschaftlichen Betrieb letztlich so aufgebaut und geführt, dass ich den Zugang zu allen wichtigen Produktionsmitteln in der eigenen betrieblichen Verfügbarkeit hatte und der Betrieb somit einen hohen inneren funktionalen Wert besaß. Doch leider hatten diese selbst geschaffenen sozialen und ökologischen Betriebsvermögen in der abstrakten betriebswirtschaftlichen Betrachtung der offiziellen Buchhaltungs- und Bilanzmethoden keinen Wert an sich. Sie wurden weder in eigenen Konten abgefragt noch mit ökonomischen Wertmaßstäben hinterlegt, im Gegenteil: Sie wurden und werden immer noch regelmäßig in Diskussionen und Schriften dem Ideellen und dem Gemeinnützigen zugeordnet, als hätten sie mit der Ökonomie nichts zu tun. Meiner Erfahrung nach hat aber der praktische Aufbau von sozialer und ökologischer Nachhaltigkeit im Unternehmen weniger mit Ethik zu tun denn mit Ökonomie, spezieller mit der Kapitalwirtschaft. Der gebetsmühlenartig immer wieder vorgebrachte Glaubenssatz: »Wir können uns Natur- und Umweltschutz und soziale Leistungen erst leisten, wenn das Wirtschaftliche stimmt«, ist so etwas wie die Umwertung aller Werte und scheint mir in seiner Wirkung fatal.

Der Zweifel an der aktuellen Auslegung von Wirtschaften im Allgemeinen und im Speziellen in der Landwirtschaft war für mich der Anlass, mich dem Thema intensiver zu widmen und zu untersuchen, wo die Ursachen und die Schlüsselstellen in der Logik des falschen, weil auf Kurzfristigkeit ausgelegten Wirtschaftens liegen könnte.

Das vorläufige Zwischenergebnis dieser Fehlersuche möchte ich in diesem Buch darlegen.

Kontraeffektiver Fortschritt

Ich bin zu der Auffassung gelangt, dass das heutige Verständnis von Kapitalismus lediglich eine zurechtgelegte Rumpfform seiner selbst ist und diese auf einem Konstruktionsfehler der betriebswirtschaftlichen Rechnung aufbaut, der in seiner Wirkung aber leider verheerende Wirkungen auf unsere Lebensgrundlagen hat. Denn wirklich kapitalistisch wird dann gewirtschaftet, wenn das Vermögen, das man zur Verfügung hat, nicht verbraucht, sondern erhalten und vermehrt wird. Der Wirtschaftstyp, der heute vorherrschend ist, macht genau das Gegenteil, er verbraucht mehr an Kapitalvermögen, als vorhanden ist. So ist der Fortschritt, wie er verstanden wird, kontraeffektiv, weil seine Gesamtbilanz negativ ist. Alle bisherigen Bemühungen, dem nachhaltenden Wirtschaften eine durchschlagende Wirkung zu verschaffen, sind nur von relativem Erfolg gekrönt, weil die entscheidende Aufgabe noch nicht gelöst ist, die externen Effekte des Wirtschaftens auf die sozialen und ökologischen Grundlagen als Faktoren des betrieblichen Wirtschaftens anzuerkennen und einzuberechnen. Erst ab dem Moment, von dem an das Naturkapital und das Sozialkapital als bilanzierfähiges Produktivkapital anerkannt wird und seine Nutzung sich auf die Preise und die betrieblichen Kapitalvermögen auswirkt, wird es attraktiv, nachhaltig zu wirtschaften. Zuvor bleibt der Wandel zu mehr Nachhaltigkeit wirtschaftlich unattraktiv und damit im Großen nicht umsetzbar. Solange das Sozial- und Naturvermögen nur dazu da ist, geplündert zu werden, und die Plünderung nichts außer dem Aufwand für den Plünderungsvorgang selbst kostet, wird der dringend erforderliche Wandel nicht gelingen. Man kann die Plünderung noch effektiver, rationeller, sozialer, ökologischer und nachhaltiger gestalten, aber der Tatbestand der Plünderung selbst bleibt erhalten. Wenn nicht erkannt wird, dass die natürlichen Grundlagen und die geistigen Fähigkeiten der Menschen als eigenständiger aber unternehmerischer Kapitalwert anzuerkennen sind und sie nicht als Faktum des Wirtschaftens in die betriebliche Kapitalrechnung eingebracht werden, dann wird so weiter gewirtschaftet werden wie bisher und jede Anstrengung gegen das falsche Wirtschaften wird ins Leere laufen. Die Aufforderung zu nachhaltigerem Wirtschaften bleibt so lange appellatives Predigen und nutzlose Mühsal, bis endlich verstanden wird, dass die gängige ökonomische Rechnung nicht stimmt, und diese so verändert wird, dass zukünftig der Unternehmer, der schützt und aufbaut, im Wettbewerb bessere Chancen erhält.

Im Effektivitätswahn des betriebswirtschaftlichen Denkens verschafft man sich finanzielle Vorteile, wenn man natürliche und geistige Ressourcen nutzt und abbaut, ohne die Gegenleistung des Aufbaus aufwenden zu müssen. Weder Rücklagen für die Wiederherstellung noch Abwertungen für ihren Verbrauch sind in der Bilanz zu finden, sie werden allesamt externalisiert und die Kosten der Allgemeinheit auferlegt oder in die Zukunft verlagert. Das bleibt nicht ohne Folgen, denn die gesellschaftlichen und ökologischen Risiken sind durch die unzureichende Buchhaltung und in der Folge falsche Bilanzierung der Wirtschaftsunternehmen bereits so angewachsen, dass es nur eine Frage der Zeit ist, bis die aus der falschen Rechnung hervorquellenden privaten und betrieblichen Finanzvermögen wieder aufgewendet werden müssen, um die real entstandenen Schäden an Gesellschaft, Mensch und Natur zu reparieren.

Die externen Effekte auf die Naturgrundlagen und die Menschen sind objektiver Bestandteil des betrieblichen Wirtschaftens und nicht, wie oft behauptet wird, Paradigmen des subjektiv Idealistischen. In der Landwirtschaft wirkt diese falsche Rechnung besonders eklatant.

Echte Ökonomie

Als Gärtner arbeitete ich mit den Gesetzen des Aufbaus und des Abbaus der natürlichen Fruchtbarkeiten und bin deshalb mit der ursprünglichsten aller Ökonomien vertraut, dem Haushalten mit den natürlichen Ressourcen und den Gesetzen ihrer Regeneration. Ich kenne ihre Belastbarkeit und arbeite am erfolgreichsten innerhalb der Grenzen, die sie auszuhalten in der Lage sind. In den vergangenen Jahrzehnten hat aber ein Ökonomieverständnis die Oberhand gewonnen, das diese Gesetzmäßigkeiten und Grenzen missachtet. Man geht mit den natürlichen und sozialen Ressourcen um, als wäre ihre unendliche Verfügbarkeit und Leistungsfähigkeit gegeben.

Dieses falsche Wirtschaften wird abgeleitet aus einem konstruierten und abstrakten Rechenschema, das zwar jedes Unternehmen anwendet, das aber trotzdem nicht richtig ist. Es verengt den Blick auf eine unvollständige Abstraktion und macht blind für die ganze Realität des jeweiligen Wirtschaftsprozesses. Man hält die gewonnenen Zahlen der betriebswirtschaftlichen Rechnung für das Abbild der ökonomischen Wirklichkeit und übersieht dabei, dass die Rechnung aber nur einen bestimmten Teil dieser Wirklichkeit widerspiegelt, wesentliche Faktoren des Wirtschaftens aber ausblendet und übergeht. Die Konsequenz davon wird an den zunehmenden Risiken und Schäden an Natur und Gesellschaft deutlich. Bisher hat man sie leichtfertig übergangen, das wird zukünftig nicht mehr so einfach sein, denn sie werden sich als sich realisierende Vermögensverluste wieder bemerkbar machen. Der Raubbau am Natur- und Sozialvermögen wird durch steigende Preise, die Reparaturkosten von Schäden durch Naturkatastrophen und Maßnahmen zur Befriedung sozialer Verwerfungen in der Belastung des Staates, der Rechnung bei den Unternehmen und in der Folge beim Privatvermögen wieder auftauchen. Mit steigenden Kosten aus externalisierten Risiken und Schäden wird dem Staat nichts anderes übrig bleiben, als die Steuern und andere Zwangsabgaben zu erhöhen. Um es pathetischer zu formulieren: Die durch den betriebswirtschaftlichen Tunnelblick ausgeblendeten Seinsbereiche der natürlichen und gesellschaftlichen Wirklichkeit verschaffen sich wieder Geltung und Achtung, sie lassen sich durch abstrakte Effektivitätskalkulationen nicht einfach wegrechnen.

Es wäre daher sinnvoller und konstruktiver, eine neue, der Gesetzmäßigkeit der lebendigen Natur und der sozialen Verantwortung entsprechende Buchhaltungs- und Bewertungsmethode einzuführen, anstatt die falsche Rechnung weiter voran zu treiben und die Risiken und Schäden für Wirtschaft und Gesellschaft noch mehr zu erhöhen. Finanzielle Gewinne von Unternehmen sind dann echte Gewinne, wenn gleichzeitig die sozialen und natürlichen Vermögen zunehmen und nicht abnehmen. Ist das nicht der Fall, dann sind finanzielle Gewinne nur Scheingewinne. Würde die Gesamtrechnung stimmen und wären die Variablen der Kalkulation andere als jetzt, dann wäre auch wieder Wirtschaftswachstum möglich und sinnvoll, ein Wachstum, mit dem und vom dem alle gut leben können, jetzt und in Zukunft.

Nachhaltigkeit und Regionalität

Nachhaltigkeit und Regionalität sind Trendthemen. Und das ist auch dringend notwendig, in Anbetracht der herrschenden, vielfach problematischen Zustände in Wirtschaft, Natur und Gesellschaft. Doch ihre Allpräsenz macht stutzig – sind es etwa zwei Begriffe, die man in die Wortgattung von Uwe Pörksens Plastikwörtern einreihen kann? Ganz von der Hand zu weisen ist die Vermutung nicht, denn sie sind anziehend und mobilisierend, aber auch dehnbar und unbestimmt. Universell brauchbar, wenn es darum geht aufzuzeigen, dass man verantwortungsvoll denkt und handelt. Sie besitzen einen großen Hof, aber ihr gehandelter Bedeutungsumfang ist eng begrenzt. Was heißt regional? Wo beginnt eine Region und wo hört sie auf? Und was meint man überhaupt, wenn man Regionalität sagt und einfordert? So spontan, wie man mit dem Begriff eine Vorstellung und ein Gefühl des Vernünftigen verbindet, so unbestimmt wird er auf der Suche nach seiner konkreten Definition. Neuere Umfragen unter Konsumenten zeigen, dass »Regionalität« als Kaufmotiv »Bio« bereits abgelöst hat. Aber kaum jemand kann näher bestimmen, was für ihn regional in Entfernung bedeutet. Sind 50 Kilometer Transport für die Lebensmittel akzeptabel oder gar 500 Kilometer? Meist wird das Bild vom Bauern auf dem Markt in der Stadt oder der Hofladen in der Nähe als Antwort gegeben. Selten wird hinterfragt, ob die Produkte in jenem Hofladen auch auf dem Hof produziert wurden. Oft ist dies nicht der Fall, aber man ist schon beruhigt, wenn man in der Nähe einkauft. Völlig hinter dem Vorhang der Unkenntnis sind bisher die Bedingungen und Wirkungen, die mit der Erzeugung dieser Produkte einhergingen. Wahrscheinlich beruht der Trend zur Regionalität auf ganz subjektiv-psychologischen Ursachen, nämlich den Bedürfnissen nach menschlicher Nähe, Kooperation und Sozialisation als Gegengefühl zur Verlorenheitsempfindung in der globalisierten Welt. Die Verbindung zur ökologisch-ökonomischen Vernunft ist relativ, denn regionaler Konsum ist nicht gleichbedeutend mit ökologisch sinnvollem Konsumieren. Um dies objektiv tragfähig nachweisen zu können, müssen viele Faktoren hinzugezogen werden, die im Ergebnis oft eher ernüchternd sind. Regionalität und die mit ihr einhergehenden Verheißungen sind nicht alleine abstrakt zu fassen, sie müssen im eigenen Erleben innerhalb einer sozialen Beziehung gesucht und auf ihren ökonomischen Wert näher bestimmt werden. Im puren Ökologischen löst sich der Vorteil oft auf, weil die regionale Beschaffung nicht automatisch ökologischer ist als die überregionale.

Ein Beispiel dafür ist die wissenschaftliche Diskussion um den vermeintlich ökologischen Vorzug des Konsums regional versus überregional produzierter Äpfel. Regelmäßig haben die in Neuseeland erzeugten, in großen Mengen transportierten und in Deutschland konsumierten Äpfel in wissenschaftlichen Untersuchungen die günstigere Ökobilanz gegenüber den Äpfeln aus regionaler Produktion, die über Monate in energieintensiven Kühllagern bis zu ihrem Verkauf gelagert werden.

Doch untersucht man den Begriff Regionalität von seiner sozioökonomischen Seite, so macht er ganz objektiv Sinn. Regionale Konsummotive sind letztendlich ökonomische Werte, weil sie Garanten der Versorgung und des Wohlstands im lokalen Handlungsspielraum des einzelnen Menschen sind. Überregionale Großstrukturen sind anfällig und bergen enorm viele versteckte Risiken für jedes Unternehmen und gleichbedeutend für jeden Konsumenten und jedes wirtschaftende Subjekt.

Ein wichtiger Gesichtspunkt in dieser Diskussion ist die Herkunft der Produktionsmittel. Es genügt nicht, wenn man nur ein Endprodukt, wie zum Beispiel einen fertigen Kopfsalat, auf seine Endherkunft prüft. Will man einen tatsächlichen regionalökonomischen Mehrwert schaffen, so muss man die ganze Wertschöpfungskette betrachten und einfordern, dass auch das Saatgut, die Energie, die fachliche Qualifikation und die Fruchtbarkeit in Form von Pflanzennährstoffen aus der Region stammen. In der Regel ist es im Moment so, dass das Samenkorn für den Salatkopf aus Australien oder China stammt, die Jungpflanze aus den Niederlanden, das Substrat, in dem der Setzling wächst, russischer Herkunft ist, die Arbeitskraft, die die junge Pflanze in den heimischen Erdboden pflanzt und später wieder erntet, für einen kurzen schlecht bezahlten Arbeitsaufenthalt aus Rumänien oder Polen in Deutschland weilt und die Traktortechnik amerikanischer Herkunft ist. Die Energie, mit der der Traktor angetrieben wird, stammt aus arabischen Ölquellen, und der Stickstoffdünger, mit dessen synthetisch energieintensiv hergestellten Nährstoffen der Kopfsalat wächst, wird vornehmlich in russischen und osteuropäischen Fabriken produziert.

Sind schließlich alle Komponenten an einen Ort zusammengeführt, wächst der Salatkopf in vielleicht sechs Wochen in der Region heran und wird dann geerntet. Wie weit er nach der Ernte wiederum wegtransportiert wird, bevor er endlich seiner endgültigen Bestimmung auf dem Teller eines Konsumierenden angekommen ist, hängt alleine davon ab, wie der Produzent vermarktet und nach welchen Kriterien der Konsument einkauft. Beispiele für eine geografisch völlig entgleiste Praxis der Nahrungsmittelversorgung gäbe es mehr als genug.

Also: Regionalität, wie sie im Moment verstanden und vielfach propagandistisch verwendet wird, ist nicht mehr als ein Wunsch- und Trugbild. Bei differenzierter Betrachtung und dem Versuch, regionales Wirtschaften genauer zu fassen, wird es aufwendig. Die konkrete Umsetzung von echter regionaler Herkunft bei Nahrungsmitteln ist unter den derzeit gegebenen Umständen so gut wie unmöglich, dafür müsste sich sehr viel an der gängigen Praxis in der Nahrungsmittelproduktion ändern.

Fast ebenso scheint es mit dem Begriff der Nachhaltigkeit zu sein, denn bei näherer Betrachtung fällt er auseinander und zerrinnt in der Komplexität des Gemeinten. Die Leitbegriffe der Nachhaltigkeit sind das Dreigestirn Ökonomie, Ökologie und Soziales. In der allgemeinen Vorstellung ist die Gleichstellung dieser drei Wirklichkeitsbereiche das Ziel nachhaltigen Lebens. Neben der übermächtigen Wirtschaft sollen Natur und Zwischenmenschliches ihren Wert zugesprochen bekommen. Das verlangt auch die Wirtschaftsethik meist in Form von politisch geforderten und gesetzlich verankerten Leitplanken, in deren Zwischenraum die Wirtschaftsunternehmen ihren Aktionsraum bekommen sollen. Der große übergeordnete Denkrahmen, der zum ersten Mal 1972 vom Club of Rome in seiner immer noch hochaktuellen und seiner Zeit weltweit beachteten Studie »Die Grenzen des Wachstums« gesteckt wurde, ist die Sicherung der Überlebensfähigkeit zukünftiger Generationen auf der Erde. 1987 hat die Brundlandt-Kommision nachgelegt und in ihrem Bericht die Aussagen bekräftigt.

Ab diesem Zeitpunkt startet der Begriff »Sustainable Development« seine Karriere. Der zügellose Raubbau und die allgegenwärtige Überlastung natürlicher Grundlagen sollen gestoppt werden und die Achtung vor der Kreatur oberste Priorität erhalten. Die Menschheit, jede Nation, jede Kommune und jeder Mensch, ist dazu aufgerufen, sich so nachhaltig zu verhalten, dass künftige Generationen die Chance haben sollten, in demselben Wohlstand leben zu können wie die gegenwärtige. Seit dieser Zeit sind unzählige gut gemeinte Aktionen, Ideen und Projekte durchgeführt und auf den Weg gebracht worden. Die Wirtschaftsunternehmen überschlagen sich mit ihren Propagandaaktivitäten rund um die ökologischen und sozialen Fragestellungen und mahnen besorgt an, man dürfe das Wirtschaften in all den ökologisch und sozial guten Absichten nicht vergessen und den Wohlstand nicht gefährden. An den Universitäten und Schulen stehen Nachhaltigkeitsthemen in den Curricula und die Politik spielt die Regulierende und versucht, der Wissenschaft und der Wirtschaft die Deutungshoheit über den Begriff streitig zu machen. Selbst die Kirchen haben das Thema entdeckt und bringen den moralischen Imperativ gegen die Wirtschaft in Stellung. Die Schöpfung soll bewahrt werden, heißt es. Bei genauem Hinsehen stecken sie ebenfalls in der Ökonomiefalle und rechnen auch nicht besser.

Mittlerweile ist der Begriff »Nachhaltigkeit« gesellschaftlich eingeführt und zur Vokabel der Alltagssprache geworden.

Nun wäre es an der Zeit, dass man es endlich begreifen würde: Die Aufspaltung des Nachhaltigkeitsbegriffs in Ökonomie, Ökologie und Soziales ist eine schlechte Erfindung, ein Denkfehler und nichts als der Versuch, den gegenwärtig etablierten Ökonomiebegriff von Ballast zu befreien und von seiner Unvollständigkeit abzulenken. Das Eigentliche, worum es geht, wenn wir die gegenwärtige Situation reflektieren müssen, ist der gültige Wirtschaftsbegriff und seine mit ihm verbundene Rechenmethode – weil: Nachhaltigkeit ist eine ökonomische Einheit und nichts anderes. Soziale und ökologische Leistungen der Unternehmen sind ökonomische Leistungen und kosten Geld. Werden die Leistungen nicht erbracht, weil sie niemand bezahlen will, kostet es später auch Geld. Bei genauerer Betrachtung sind sich die Bereiche Ökonomie, Ökologie und Soziales immanent und fallen ineinander hinein. Ökologisches und soziales Fehlverhalten ist gleichzeitig ökonomisches Fehlverhalten und nichts anderes. Denn die Schäden und Verluste, die an der existenziellen Grundlage allen Lebens durch das Wirtschaften verursacht werden, werfen Kosten und Risiken auf, und zwar nicht erst in Zukunft, wie man hofft, sondern im Moment ihrer Entstehung.

Das bedeutet: Die Kernfrage des Problems nicht nachhaltenden Wirtschaftens in Bezug auf die sozialen und ökologischen Parameter ist nicht in erster Linie in außerökonomischen, wie ethisch-moralischen oder idealistischen Kategorien zu suchen, sondern in ökonomischen.

Erfolgreiches Wirtschaften ist nicht das, was wir heute unter dem Diktat einer unvollständigen und deshalb falschen betriebswirtschaftlichen Rechnung verstehen, sondern wenn so gewirtschaftet wird, dass keine ökologischen und sozialen Risiken, Kosten und Folgekosten im je eigenen ökonomischen Handlungsradius eines Unternehmens oder eines Konsumenten entstehen.

Aber der heutige Begriff von Ökonomie ist fehlgeleitet, denn weder Unternehmer noch Wissenschaftler, weder Bänker und Finanzbeamte noch Wirtschaftsprüfer und Steuerberater haben es bisher geschafft, in ihrer Blickfeldbegrenzung richtig zu rechnen und die Wertigkeiten und Risiken des gegenwärtigen Wirtschaftens richtig zu kalkulieren. Wir sind seit Jahrzehnten Meister im Externalisieren, im Ignorieren wesentlicher Faktoren einer wirtschaftlichen Unternehmung. Die Axiome stimmen nicht, sie sind nicht haltbar. Die Folgen davon bekommen wir zu spüren: in überschuldeten Staaten, atomar verseuchten Regionen, unfruchtbaren Kühen, ausgeräumten Landschaften, dauernd sich steigernden Krankenkosten, ruinierten Ackerböden, dahinsiechenden ländlichen Regionen und versteckten sozialen und ökologischen Risiken aller Art. Atomstrom ist nicht billig, sondern der teuerste überhaupt, wenn die kalkulatorischen und tatsächlichen Folgekosten und unüberschaubaren Risiken richtig bilanziert und in die Strompreise eingehen würden. Der Liter Milch würde nicht 50 Cent kosten, sondern mindestens zwei Euro, das Kilo Spargel mindestens 15 Euro statt sechs Euro, wenn man die Kollateralschäden der überrationalisierten und industrialisierten Landwirtschaft an Mensch und Natur gewissenhaft einrechnen würde. Ein ausreichender Lohn, sinnvoll gestaltete Arbeitsplätze und mehr Verantwortung bei der Arbeitsübertragung wären mit Sicherheit das wirkungsvollste Mittel, um die Krankenkassen zu entlasten und die Krankenstände zu reduzieren.

Die ökonomische Rechnung, derer wir heute folgen, zielt auf den Vermögensverlust an den sozialen und natürlichen Ressourcen zugunsten von kurzfristigen finanziellen Vermögenszuwächsen, die wiederum in eventuell Verlust erzeugende Unternehmungen investiert werden. Soll der Wohlstand dagegen nachhaltig gesichert werden, müssen die ökologischen und sozialen Kosten der Wiederbeschaffung im Moment ihrer Entstehung eingerechnet werden. Bei objektiver Kalkulation übersteigen die ökonomischen Risiken und die versteckten Vermögensverluste des auf Kurzfristigkeit ausgelegten Wirtschaftens wahrscheinlich bereits jetzt die finanziellen Gewinne der Unternehmen.

Die Nachhaltigkeitsdebatte konnte zwar schon einiges bewirken, doch an die Wurzel des Problems traut sich noch kaum jemand richtig heran. Im Gegenteil, die überkommenen Denk-, Handlungs- und Rechenmuster haben sich derart festgesetzt, dass es kaum möglich ist, einigermaßen objektiv über das faktische Zusammenspiel von ökologischen Werten und der Betriebswirtschaft zu sprechen. Zum Beispiel müssen die Nahrungsmittel nach wie vor billig sein, egal welche Schäden und versteckten Kosten bei ihrer Produktion entstehen. Der Anteil, den die Menschen in Deutschland prozentual von ihrem Einkommen durchschnittlich für ihr Essen ausgeben, ist mit gerade noch zehn Prozent historisch niedrig. Eigentlich gibt es ja nichts dagegen einzuwenden, wenn durch eine sinnvolle Rationalisierung die Produktion effektiver und der Arbeitsaufwand geringer werden. Aber die Rechnung muss wirklich stimmen und die nachhaltige Sicherung der Lebensgrundlagen nach sich ziehen.

Heute ist es so, dass derjenige Unternehmer der Dumme ist, der grundlegend nachhaltig wirtschaftet, Schäden und Risiken vermeidet und deshalb einen höheren Aufwand hat. Im Wettbewerb am Markt mit seinen verzerrten Verhältnissen kann er nur schwer bestehen oder wird, wenn er seine wahren Kosten auf die Preise umlegt, als Wucherer abgetan. »Bioprodukte seien zu teuer«, ist immer noch ein in der Gesellschaft weit verbreitetes Vorurteil. Dass der Preis deshalb höher ist, weil der ökologisch sorgsam arbeitende Bauer durch sein Wirtschaften Schäden und damit Folgekosten vermeidet, somit richtig rechnet und zukünftigen Generationen Wohlstand ermöglicht, ist nur wenigen klar.

Verantwortung und Markt

Die scheinbar allgegenwärtige Forderung der Konsumentenschaft nach billigen Nahrungsmitteln wird von den Bauern, den Verarbeitern und den Händlern dieser billigen Nahrungsmittel gerne als Rechtfertigung für ihr eigenes ruinöses Wirtschaften benutzt, ist aber im Grunde nur ein hilfloser Versuch, sich aus der eigenen Verantwortung zu ziehen. Denn bevor auch nur ein Konsument ein billiges Nahrungsmittel überhaupt kaufen kann, wurde es bereits billig produziert und am Markt angeboten. Billig darf in dem Zusammenhang nicht mit rationell und effizient verwechselt werden, sondern meint die im doppelten Sinne billige, das heißt qualitativ schlechte und schadensverursachende Produktion. Wie oft hört man von den Bauern und ihren Vertretern die Aussage: »Wir würden ja gerne anders produzieren, die Mitarbeiter besser bezahlen und die Umwelt schützen, die Nutztiere besser behandeln und den Boden mehr schonen, aber die Konsumenten wollen für ihre Nahrungsmittel nicht mehr bezahlen.«

Diese Aussage ist wertlos, auch wenn sie sehr häufig verwendet wird. Denn würde kein Produzent jemals billig produziert haben, weil er seine Preiskalkulation objektiv richtig, das heißt unter Einbezug der ökologischen und sozialen Sorgfalt erstellt hat, könnte kein Konsument billig einkaufen. Die ökonomische Verantwortung für die Verursachung von Schäden und Risiken, die durch die Billigproduktion von Nahrungsmitteln entstehen, liegt eindeutig beim Produzenten oder Lieferanten, denn er macht den ersten Schritt, indem er das Angebot unterbreitet und Anreize setzt. Wurde das Angebot am Markt angenommen, sagt er, die Kunden wollen das Produkt mit dem niedrigeren Preis.

Bisher ist aber am Produkt nicht erkennbar, warum es billiger geworden ist. Man nimmt gemeinhin an, dass es durch die gesteigerte Effektivität in der Gestaltung der Produktionsabläufe im Preis günstiger geworden ist. Es kann aber auch sein, dass durch die günstigere Produktion ökologische und soziale Vermögen abgebaut wurden und der billigere Preis ökonomisch nicht richtig und damit langfristig nicht haltbar ist. Hier kommt eine grundsätzliche Eigenschaft eines Preises zur Geltung. »Billig« oder »günstig« sind als spontaner, meist unbewusster Ersteffekt beim Konsumierenden immer positiv, »teuer« als Worte oder Tatsachen immer negativ konnotiert.

In Zeiten des E-Commerce haben Suchmaschinen Hochkonjunktur, die überregional nach dem billigsten Angebot suchen, und das ohne jede Frage, welche Schäden, Verluste und Schicksale hinter diesen Angeboten stecken. Die Relativität der Einschätzung von billig und teuer wird erst in weiteren Schritten deutlich, indem man Fragen an den tieferen Hintergrund der Kalkulation des Preises stellt. Das ist mühsam, aufwendig und in unserer schnelllebigen Zeit bei kleinen und alltäglichen Einkäufen oft nicht machbar.

Geht es um eine größere Investition, wie zum Beispiel einen Hausbau oder den Kauf eines Autos, dann fragen viele Konsumenten schon öfter nach den Gründen und Ursachen unterschiedlicher Preise und holen sich mehr Informationen ein.

Im Konsum von Nahrungsmitteln wird diese genauere Analyse noch kaum gemacht. Da wird sehr viel mit verschwommenen Bildern von intakter Produktion gearbeitet. Durch die Lebensmittelskandale der Vergangenheit kamen immer wieder Informationen an die Öffentlichkeit, die die verschobenen Bilder und Vorstellungen etwas zurechtgerückt haben. Es ist deshalb überhaupt zweifelhaft, ob wir die viel beschworene freie Marktwirtschaft mit ihrem Kernparadigma – dem freien Wettbewerb – wirklich haben. Denn ein Grundgesetz dessen ist, dass alle

Marktteilnehmer vollständiges Wissen über Produkt, Leistung und Preis besitzen. Bei Lebensmitteln ist dies sicher nicht der Fall, dazu liegt die Produktionsrealität in den Betrieben zu sehr im Dunkeln.

Wüsste der Konsument durch die Transparenz und Bereitstellung von Informationen mehr über die Hintergründe der Preisentstehung, dann würde er mündiger und könnte sich ein besseres Urteil über das echte Preis-Leistungs-Verhältnis eines Produktes oder einer Dienstleistung bilden. Die wichtigste Grundlage einer objektiven Preisfindung und Preisgerechtigkeit ist also die vollständige Information über den gesamtökonomischen Vorgang der Herstellung. Diese Informationen besitzt bisher aber ausschließlich der Anbieter und nicht der Konsument. Er alleine weiß, wie er im Betrieb gewirtschaftet hat. Der Anbieter weiß, wie er die Mitarbeiter bezahlt und wo er das Saatgut einkauft, wie er die Tiere behandelt und wie er mit dem Boden umgeht. Der Konsument weiß das nicht.

Mit dem Hinweis, dass der Konsument für die billigen Lebensmittel verantwortlich wäre, übergibt der Anbieter einem unmündigen Marktteilnehmer die Verantwortung. Dieser weitverbreitete Umstand ist die große und gefährliche Lücke in unserem System der Marktwirtschaft. Sie kann geschlossen werden, indem Hersteller und Anbieter selbst mehr Verantwortung für ihre Wirtschaftspraxis übernehmen und anders kalkulieren oder dem Konsumenten wesentlich mehr Informationen über ihre Betriebe bereitstellen.

Deshalb wäre es an der Zeit, dass es Suchmaschinen gäbe, die nach dem qualitativ besten Produkt suchen und nicht nach dem billigsten. Eine weitere Möglichkeit ist, dass die Rechnung an sich geändert und die ökonomische Formel der gesamtökonomischen Vernunft angepasst wird. Dann werden von sich aus andere Preise für die Produkte und Dienstleistungen entstehen.

Um die beiden gesellschaftlichen Megatrends Nachhaltigkeit und Regionalität in ihrer inneren Berechtigung besser zu verstehen und sie vor ihrer gänzlichen Verdünnung und damit Wirkungslosigkeit zu schützen, müssen sie genauer betrachtet und ihre ökonomische Relevanz aufgezeigt und definiert werden. Nachhaltigkeit und Regionalität sind letztendlich objektive Größen der Ökonomie. Wenn dieser Zusammenhang verstanden wird, dann haben die beiden Megatrends Aussicht auf langfristigen Bestand; wird er nicht verstanden, dann wird es sehr teuer.

Preise sind gebündelte Wirkungen

Das Wort »Preis« stammt wortgeschichtlich von dem lateinischen »pretium« ab, was so viel bedeutet wie Wert, Geltung und Lohn. Der Preis eines Gutes oder einer Leistung beinhaltet also seinen Wert. In diesem Wert subsummiert sich der Gegenwert aller darin enthaltenen Leistungen, die der Käufer erhält. Aus Aufwand und Kosten, die die Buchhaltung erfasst hat, errechnen der Hersteller und Verkäufer den Deckungsbeitrag für den Herstellungsprozess.

Mit dem Preis werden aber nicht nur die Kosten und der Aufwand, die sich für den Betrieb in Geldwerten ausgedrückt haben, weitergegeben, sondern auch die Wirkungen auf die Natur, die Kulturlandschaft und das Soziale, die die Herstellung eines Produktes ausgelöst haben. Alle externen Effekte vom allerersten Prozessschritt bis zur Übernahme durch den Käufer haften dem Produkt an. Im Preis beim Verkauf, also bei der wertdefinierenden Übergabe vom Produzenten zum Konsumenten, werden sämtliche Wirkungen und Effekte auf eine einzige Zahl pro Einheit zusammengefasst.

Mit der Verwertung des Produktes oder der Leistung durch den Konsumenten löst sich dieser im Preis gebündelte Wert mit allen seinen Wirkungen wieder auf. Und mit dem Kauf eines Produktes oder einer Dienstleistung wird gleichzeitig auch wieder ein Auftrag an den Hersteller vergeben, genau dasselbe Produkt mit denselben Wirkungen wieder herzustellen. Wird ein Produkt aus irgendeinem Grund nicht mehr gekauft, dann wird auch kein neuer Auftrag an den Produzenten mehr vergeben.

Wird in einem Betrieb nicht richtig kalkuliert und werden wesentliche Teile des Aufwands nicht in den Preis eingerechnet, ist für ein neu herzustellendes Produkt das Geld nicht vorhanden, den Aufwand erneut zu betreiben.

Bei den Nahrungsmitteln ist die Reduzierung auf den Preis besonders problematisch, weil mit ihrer Produktion eine Vielzahl von Effekten auf die Lebensgrundlagen verbunden ist. Der Umgang mit dem Boden, den Tieren, den Pflanzen, der Landschaft, dem Wasser und viele weitere Effekte gerinnen in eine einzige abstrakte Zahl. Hinter dieser Zahl steckt ein Universum an Wirkungen. Die meisten sind hinter einem Schleier verborgen und am Produkt nicht sichtbar. Das Marketing nutzt dieses Nichtwissen und diese Nichterfahrung, um ihre gestellten Bilder in die Köpfe der Konsumenten zu pflanzen.

Für die Nahrungsmittelbeschaffung ist dieser transformative Vorgang durch die Abstraktion in ihrem Preis relativ neu, denn noch vor gerade mal 100 Jahren konnte fast jeder Konsument eines Nahrungsmittels unmittelbar erleben und erfahren, wie das Lebensmittel von der Entstehung bis zum Verbrauch beschaffen war und wo die Grenze der natürlichen Produktivität lag. Noch vor 100 Jahren musste die Hälfte der Menschen unserer Gesellschaft in Deutschland für die Produktion ihrer Lebensmittel selbst Hand anlegen und hat ihre umfängliche qualitative Beschaffenheit und Wirkungen und damit ihren eigentlichen Wert direkt und selbst erfahren können. Weitere 100 Jahre davor waren es noch Dreiviertel. Heute ist durch die arbeitsteilige Gesellschaft diese Erfahrung aus dem Erfahrungsraum von 99 Prozent der mitteleuropäischen Gesellschaft herausgefallen und somit einem umfänglichen Werturteil entzogen.

Der Trend zur Regionalität im Konsum von Nahrungsmitteln hat einen seiner Ursprünge im Bedürfnis, mehr über die Hintergründe der Beschaffenheit der Produkte und ihrer Wirkungen zu erfahren und zu wissen. Für die heutigen und kommenden Generationen müssen die Preise deshalb mehr beinhalten als in der Vergangenheit. Sie müssen dem Konsumenten die qualitative Wirkungssubstanz des Nahrungsmittels widerspiegeln. Der heutige Konsument ist darauf angewiesen, dass der Preis das Faktum seiner existenziellen Überlebensfähigkeit wiedergibt, weil er selbst nicht mehr den Zugang hat, es durch die direkte Anschauung beurteilen zu können.

Zauber der Zahl

Der Geldwert ist die abstrakteste, abgezogenste Wertbestimmung, die ein Objekt annehmen kann. Er ist eine vollständige Abstraktion, als solcher hat er eine doppelte Eigenschaft: Er reduziert eine Ware oder eine Leistung auf ein einziges Merkmal, den Geldwert, und ist als solcher universal gültig. Er blendet die Gesamtheit der Werte, die das Tauschobjekt selbst hat, aus. Letztlich löst sich das Geld ganz von seiner eigentlichen Bestimmung, ein Mittel zum Zweck zu sein, und wird zum Selbstzweck erhoben. Dieser asketische Blick des homo oeconomicus sub. monetaris (des Menschen als Geldmaximierer) auf die quantitative Dimension des Geldes bedroht die Existenz der Welt, wie einst der Pesterreger Mitteleuropa bedroht hat. In dieser problematischen Entwicklung geht die ursprüngliche Intention des Wirtschaftens, den Nutzen zu maximieren, verloren. Nutzen wird durch Geld ersetzt. Dies gilt auch und besonders für die Landwirtschaft als einem Wirtschaftsbereich, der lange dem Druck der Betriebswirtschaft standhielt und erst im Laufe der letzten Jahrzehnte nachgab, nachdem Bundeskanzler Adenauer unter dem Eindruck des gerade überwundenen Hungers in Deutschland und dem Wirtschaftswunder in einer denkwürdigen Regierungserklärung im Jahr 1954 die Industrialisierung der Landwirtschaft forderte. Wurde bis vor wenigen Jahrzehnten die Wertbestimmung in der Landwirtschaft auf der Basis von Beobachtung, Erfahrung und Tradition vorgenommen, so verschiebt sich das heute zur betriebswirtschaftlichen Kalkulation und dem Jahresergebnis in der Gewinn-und-Verlust-Rechnung und der Bilanz. Tradition, Bräuche und Sitten, die aus der existenziellen Erfahrung des Überlebens oder Nichtüberlebens abgeleitet waren, sind aus der Mode gekommen und der Folklore überlassen. Noch bis vor einem halben Jahrhundert wurde das wirtschaftliche Geschick eines Bauern am Zustand seines Bodens, seines Viehbestands und seiner erzielten Ernten beurteilt, damit am realen Gegenstand. Die Erfolgsindikatoren waren unmittelbar erlebbar. Nicht die Kategorien der Betriebswirtschaft und des Bilanzergebnisses, sondern die regional ausgelegten und tradierten Handlungsanweisungen waren der Imperativ für das Wirtschaften, bestimmten das Zusammenleben, den Pflanzenbau, die Tierhaltung, die Verarbeitung, die Vorratshaltung und den Verbrauch.

Ohne Zweifel hat die betriebswirtschaftliche Durchdringung den landwirtschaftlichen Betrieben große Fortschritte gebracht, vor allem konnten mit ihrer Hilfe die Arbeitsabläufe rationalisiert und der Blick auf die durchaus notwendige Ertragssteigerung gelenkt werden. Mit steigendem betriebswirtschaftlichem Bewusstsein wurden Problemfelder isoliert, konstruktiv angegangen und Defizite behoben. Das Wirtschaften und sein Resultat wurden in einem bisher unerreichten Maß überschaubar und unabhängig von der subjektiven Beurteilung des Einzelnen und seines sozialen Umfeldes, in einem größeren Rahmen erkennbar und steuerbar. Das Wissen stieg an und hat durch entsprechende Bildungsmaßnahmen ein hohes Niveau erreicht, Expertenwissen löste Erfahrungswissen ab. Das ging allerdings sehr weit. In einer Umfrage unter deutschen Gärtnern, woher sie ihr Wissen zur täglichen Betriebsführung beziehen, wurde die eigene Beobachtung und Erfahrung mit einem Prozent als letzte von zehn Möglichkeiten angegeben – nach Internet, Fachmagazinen und staatlicher Beratung.

Die Spezialisierung auf eine oder wenige Pflanzenkulturen oder ein Produkt löste die vielfältige Subsistenzwirtschaft ab. Große Teile der Gesellschaft mussten nicht mehr für ihr tägliches Brot selbst Hand anlegen wie in den Jahrtausenden davor. Heute sind es noch knapp ein Prozent. Armut und Hunger in Stadt und Land gehörten der Vergangenheit an, riesige Märkte entstanden und konnten bedient werden. Durch die Dokumentation und Abstraktion in Zahlen gelang es, die jeweilige Arbeitsleistung in die zeitlich und individuell objektive Anschauung und Vergleichbarkeit zu bringen. Und es besteht kein Zweifel, dass die Betriebswirtschaftslehre und Analyseinstrumente die entscheidenden Hilfestellungen zur Reflexion von quantitativer Produktivität und Unproduktivität gaben.

Aber was brachte der Betriebswirtschaft diesen Erfolg? Es war der Zauber der Zahl, die Bestimmungsmacht des Objektiven, sie gab Sicherheit und Halt. Sie trat an die Stelle einst sozialer und kirchlich-religiöser Regeln oder Orientierung gebender Sitten und Traditionen. Gleichzeitig bot sie sich an als jener übergeordnete Souverän, einer, der immer weiß, was richtig ist, und auf den man sich verlassen kann. Die Überzeugungskraft der in Zahlen abgebildeten betrieblichen Vorgänge ist stark, man kann sich auf sie verlassen, sich leiten lassen und sich an ihr orientieren, sie erlöst von schwierigen moralischen Debatten, ist der Spiegel von Erfolg und Misserfolg, Glück und Unglück, kurz: Sie ist ein vollständiger Ersatz und ist scheinbar frei von jedem Ideologieverdacht. Und sie eröffnet den Rückzugsraum aus der Last zum subjektiven Urteil über komplexe Zusammenhänge.

Falsche Buchhaltung

Wie kommt es, dass falsch gerechnet wird und in der Folge Preise und Bilanzwerte entstehen, die nicht im Geringsten die ökonomische Wahrheit abbilden?

Die Wurzel des Problems liegt in der betrieblichen Buchhaltung, wie wir sie alle kennen und auch handhaben. Mit ihrer Hilfe werden die Vorgänge des betrieblichen Wirtschaftens »vermessen«. Die Maßeinheit ist der Geldwert.

Die Werte von Input und Output eines Betriebes werden in die »Finanzbuchhaltung« laufend eingepflegt und entsprechend verwertet. Sie ist so etwas wie die DNA des Unternehmens, das genetische Informationsgefäß der ökonomischen Gebilde, vergleichbar mit der Erbinformation lebendiger Organismen. Zu ihr fließen die Informationen hin und fließen wieder zurück. Nach ihren Messergebnissen richten sich alle Entscheidungen der Unternehmensführung, sie prägen den Phänotyp der Betriebe und Unternehmen. Aus ihrem Informationsgehalt werden die Ableitungen und Entscheidungen getroffen, die allesbestimmend sind. Sie haben die Entscheidungsgewalt über Erfolg und Misserfolg, nach ihnen wird gehandelt, aus ihr werden die täglichen unternehmerischen Imperative abgeleitet. Eine ungeheure Dominanz geht von der Finanzbuchhaltung und ihren Aussagen aus, an ihr gibt es kein Vorbeikommen, sie ist das entscheidende Werkzeug der viel zitierten strukturellen Gewalt des Kapitals.

Nur langsam wird offensichtlich, dass sie unvollständig ist und das mit fatalen Folgen. Denn sie erfasst nur einen kleinen Teil der Wirklichkeit. Vieles blendet sie einfach aus und separiert, externalisiert. Kurz gesagt, sie bringt falsche Informationen hervor. Und auf falscher Informationsbasis können nur falsche Kalkulationen und Entscheidungen getroffen werden. Die Methodik der bis heute angewendeten betriebswirtschaftlichen Rechnungslegung in der Landwirtschaft stammt aus der Betriebswirtschaft der Industrie. Sie wurde mit all ihren Unterinstrumenten Finanzbuchhaltung, Auswertungen, Gewinn-und-Verlust-Rechnung und Bilanzierung in die Landwirtschaft übernommen und wird bis heute angewendet. In der Konsequenz davon entstand der industrialisierte landwirtschaftliche Betrieb. Zwischen der Art der Buchhaltungs- und der der Bilanzierungsmethodik gibt es eine direkte Kausalität zum Betriebstyp.

Es ist deshalb höchste Zeit, dass die Agrarökonomie sich in all ihren Realitäten umfassend begreift und ihrer Untergattung Betriebswirtschaft vorgibt, wie man richtig rechnet. Dazu bedürfte es einer betrieblichen Buchhaltung, die internalisiert und einbezieht, was beim täglichen Wirtschaften wirklich und umfassend vor sich geht. Erst dann, wenn die sozialen und ökologischen, das heißt gesamtökonomischen Effekte des Wirtschaftens anhand von faktischen und objektiven Werten, in Zahlen in der Gewinn-und-Verlust-Rechnung und in der Bilanz ersichtlich sind und dadurch die Preise auf den Märkten die ökonomische »Wahrheit« sagen, kann und wird die Chance bestehen, dass sich der Raubbau umkehrt und Aufbau statt Abbau von Ressourcen zum Grundsatz des Wirtschaftens wird. Am Beispiel der Landwirtschaft soll aufgezeigt werden, wo und wie der Kapitalbegriff erweitert werden muss, wo die Wurzel des nicht nachhaltigen Wirtschaftens liegt und welche Denk- und Rechenmuster aufgebrochen werden müssen.

Überschuss aus der Landwirtschaft

Die Landwirtschaft ist nicht irgendeine Wirtschaftsbranche, sie ist die Grundlage allen Wirtschaftens. Die Missachtung ihrer naturökonomischen Grundgesetze hat Folgen für alle Wirtschaftsbereiche, denn auf ihnen baut alles auf, was mit Wirtschaften zu tun hat. Ihr potenziell möglicher Überschuss an Energie und Stoff erlaubt erst, dass andere Wirtschaftsbranchen nachhaltig funktionieren können. Sie ist die einzige wirtschaftliche Tätigkeit die, gesamtökonomisch betrachtet, positiv wirtschaften kann. Das ergibt sich aus der Tatsache, dass sie den Aufbau von energiereicher pflanzlicher Substanz aus Sonnenenergie nutzt. Durch die Fotosynthese von Sonnenenergie in pflanzliche Substanz entsteht ein energetischer Überschuss, auf dem alle folgenden wirtschaftlichen Tätigkeiten aufbauen. Nach dem Stoffaufbau durch die Fotosynthese kann der entstandene Überschuss nur wieder abgebaut werden, sei es in Form von menschlicher oder tierischer Nahrung oder als Kraft- und Wärmeenergie in natürlichen und technischen Kraftwerken. Die heutige Nutzung fossiler Energie wie Kohle, Erdöl oder Erdgas geht auf denselben Überschussvorgang zurück, wenn er auch viele Millionen Jahre zurückliegt.

Deshalb hat der »erweiterte Kapitalbegriff der Landwirtschaft« auch für alle anderen Wirtschaftsbereiche unbedingte Geltung. Die Profitabilität der Landwirtschaft darf nicht mit der Profitabilität aus anderen Wirtschaftsbereichen gleichgesetzt werden. Die Gesamtwirtschaft ist nur dann wirklich nachhaltig, wenn sie nicht mehr verbraucht, als die Überschüsse an Energie aus der Assimilation von Sonnenergie in pflanzliche Substanz ausmachen, das ist die Bezugsgröße, an der sich alles weitere Wirtschaften orientieren muss. Im Moment ist es leider so, dass selbst die Landwirtschaft durch die zügellose Nutzung von fossilen Energien in der Regel mehr verbraucht, als sie erzeugt. Für eine erzeugte Kalorie werden zehn Kalorien verbraucht. Das ist eine ruinöse Praxis, gerade in der Branche, die eigentlich aus dem Einsatz einer Kalorie zwei Kalorien entstehen lassen sollte und vor allem könnte.

Unsere ganze Kraft muss daher darauf abzielen, eine Landwirtschaft zu etablieren, die eine positive Energie-, Stoff- und Sozialbilanz hervorbringt. In der Folge muss die gesamte übrige Wirtschaft daran gemessen werden, ob sie innerhalb der Grenzen des Deltas der durch die Landwirtschaft erzeugten Überschüsse bleibt. Vorbild ist die alte Subsistenzwirtschaft, die bis zur Entdeckung der Nutzung von fossilen Energien den ökonomisch verbindlichen Rahmen für jedes Wirtschaften und in dessen Folge auch für die Kulturentwicklung vorgab. Bis zur Nutzung von fossilen Energieträgern war die Energieverfügbarkeit direkt und existenziell, denn waren die unmittelbar zur Verfügung stehenden Ressourcen von Primärenergie aus dem Pflanzenwachstum verbraucht, gab es Hunger und Tod. Heute haben wir moderne Verfahren, wie wir das Delta zwischen Verbrauch und Wiederbeschaffung von Ressourcen berechnen, kalkulieren und Vorsorge treffen können. Ein Beispiel dafür ist der Nachhaltigkeitsbegriff der Forstwirtschaft. Wenn nicht mehr Holz geschlagen wird als nachwächst, wird der Wald nachhaltend bewirtschaftet. Dieses Rechenschema muss sich zukünftig auf die gesamte Wirtschaft erstrecken. Die Finanzbuchhaltung ist das geeignete Instrument, um die Nachhaltigkeitsrechnung anzusetzen, weil sie in jedem Unternehmen zur Abstraktion der ökonomischen Prozesse eingesetzt wird und die ausschlaggebende Wirkung auf das tägliche Wirtschaften hat. Sie muss nur an die wirklichen ökonomischen Wertigkeiten und an die wesentlichen Fragen, die wir an das Wirtschaftsunternehmen stellen müssen, angepasst werden.

Ökologische und soziale Vermögenswerte

Ein landwirtschaftlicher Betrieb braucht, um produzieren zu können, verschiedene Produktionsmittel. Einige der Produktionsmittel schöpft der Betrieb aus natürlichen, andere aus sozialen Quellen. Die Produktionsmittel selbst und der Zugang zu ihren Quellen sind als Vermögenswerte oder Wirtschaftsgüter eines Betriebes anzusehen. Ist ihre Verfügbarkeit nicht gesichert, ist die Wirtschaftlichkeit des Betriebes oder gar seine Existenz gefährdet. Vor der Industrialisierung der Landwirtschaft stammten alle Mittel aus dem natürlichen, geografischen, gesellschaftlichen und ökonomischen Umfeld des Betriebes. Die Fruchtbarkeit des Bodens und die genetische Ressource der Nutzpflanzen und Nutztiere waren im Besitz jedes einzelnen Betriebes oder jeder lokalen Gemeinschaft in Form von eigenem Saatgut bzw. reproduzierbaren Sorten und von Dünger aus dem Betriebskreislauf. In den vergangenen Jahrzehnten ist ein Markt für diese Mittel entstanden, der mittlerweile und besonders in den letzten 30 Jahren in der Beschaffung globalisiert und industrialisiert wurde.

Der Zukauf von Produktionsmitteln wird in der betriebswirtschaftlichen Rechnung als betrieblicher Aufwand betrachtet und als Kosten kalkuliert, das Beschaffungsrisiko wird in der Bilanz aber nicht weiter berücksichtigt. Es wird dabei nicht bedacht, dass die Arbeitsteilung selbst über große Entfernungen das Grundproblem der begrenzten Verfügbarkeit der Produktionsmittel nicht löst, sondern nur verschiebt, und dass das Risiko der Verfügbarkeit und damit für die Versorgung mit steigender globalisierter Beschaffung steigt.

Würde man das Faktum kapitalwirtschaftlich richtig betrachten, so müsste man die Verfügbarkeit von Produktionsmitteln als betriebswirtschaftliches Risiko oder Vermögen bewerten und die Schaffung von betriebseigenen Produktionsmitteln als bilanzierfähige Wirtschaftsgüter in die Bilanz aufnehmen.

Als Wirtschaftsgüter mit eigenem Vermögenswert zu betrachten und in der betrieblichen Rechnung zu bilanzieren wären: die Bodenfruchtbarkeit, die Energieherkunft, die genetischen Ressourcen von Nutzpflanzen, die genetischen Ressourcen von Nutztieren, die Versorgungssicherheit, die Biodiversität, die Fertigkeiten und Fähigkeiten, das fachliche Wissen und die Zugänglichkeit zum Markt. Ihre Verfügbarkeit muss in die Bilanz aufgenommen werden als vorhandener Wert oder, wenn nicht vorhanden, als betriebliches Risiko.

Das Rechenschema betrieblichen Wirtschaftens muss zukünftig darauf abzielen, die sozialen und ökologischen Vermögenswerte zu erhalten und aufzubauen und gleichzeitig Verluste und Risiken abzubauen. Der Kapitalabfluss aus den Ressourcen muss gedreht und zu einem Kapitalzufluss werden, sei es ein einzelner Betrieb oder eine ganze Region. In gleichem Maß, wie mit den Verkaufserzeugnissen natürliche und soziale Vermögenswerte abfließen, müssen sie wieder zurückfließen. Der landwirtschaftliche Betrieb braucht eine positive Vermögensbilanz auf allen Ebenen des Wirtschaftens. Das würde der Realität insofern entsprechen, als dass die Landwirtschaft überhaupt nur die Möglichkeit hat, eine positive Kapitalbilanz zu erwirtschaften.

Eine Hauptforderung für die Umsetzung nachhaltenden Wirtschaftens ist, dass die landwirtschaftliche Urproduktion bzw. ihre Leistung für die volkswirtschaftliche Nachhaltigkeit als Äquivalenzwert zum Bilanzwert der übrigen Wirtschaft in Form des Erhalts und des Aufbaus der natürlichen Lebensgrundlagen allen Wirtschaftens eingeführt wird.

Die Urproduktion ist die einzige Ökonomie, die überhaupt eine positive Vermögensbilanz herbeiführen kann. Sie nutzt Ressourcen, die durch die Assimilation von Sonnenenergie in stoffliche Substanz und organisch gebundene Energie in Form von Pflanzenwachstum umgewandelt wird. Diese pflanzliche Substanz steht dem Primärwirtschaftenden zur Verfügung und kann wieder in Energie umgewandelt werden. Die folgenden Wertschöpfungsstufen bauen immer nur Ressourcen ab. Dieser positive Überschuss an Energie bzw. organischer Substanz kann aufgebraucht werden, ohne dass ein negativer Gesamtsaldo dabei herauskommt. Sobald die Landwirtschaft aber selbst eine negative Stoff- und Energiebilanz aufweist, kann die folgende Wertschöpfungskette auch nur weiter negativ wirtschaften. Dies ist in der industrialisierten Landwirtschaft mit ihrem hohen Input an Energie der Fall. Der ökologische Landbau mit seinen Prämissen der hofinternen organischen Kreisläufe ist schon näher an einer positiven Bilanz.

Das bedeutet, die urproduktive Landwirtschaft muss eine eigenständige Buchhaltungs- und Bilanzierungsmethodik erhalten, eine, die nicht wie die bisherige der Industrie entlehnt ist, sondern eine, die dem Wesen des Lebendigen und ihren Gesetzmäßigkeiten entspricht. Sie muss aufzeigen können, welche Vermögensentwicklung beim Natur- und Sozialkapital stattgefunden hat.

Wohlstandsleistungen der Landwirtschaft

In der deutschen Fachzeitschrift *Agrarwirtschaft – German Journal of Agricultural Economics* schreiben die Schweizer Wirtschaftswissenschaftler Mann und Wüstenmann, dass sich der allgemeine Wohlstand aus wirtschaftlichem und immateriellem Wohlstand zusammensetze und die Korrelation zwischen allgemeinem und wirtschaftlichem Wohlstand nur dann nicht positiv sei, wenn es negative Wechselwirkungen zwischen wirtschaftlichem und immateriellem Wohlstand gebe. Ökonomischer formuliert heißt das, nur negative Externalitäten wirtschaftlichen Wachstums wären in der Lage, die Annahme von der positiven Korrelation zwischen wirtschaftlichem und allgemeinem Wohlstand infrage zu stellen. Nun ist spätestens seit den 1970er-Jahren bekannt, dass solche Externalitäten auch und gerade in der landwirtschaftlichen Produktion im ökologischen Bereich bestehen. Negative Externalitäten, wie die von der Landwirtschaft zu verantwortende Gewässerbelastung mit Pflanzenschutzmittelrückständen, relativieren den gesellschaftlichen Wert landwirtschaftlicher Mehrproduktion, während die Offenhaltung von Flächen Vorteile in Hinblick auf Biodiversität und Landschaft erbringt, sodass prinzipiell auch eine finanzwirtschaftlich unproduktive Landwirtschaft positiv auf die Gesamtwohlfahrt wirken kann.

Mann und Wüstenmann gehen in ihrem Artikel so weit, dass sie die Spezifika ländlicher Kultur auf soziale Externalitäten und ihre multifunktionalen Wirkungen der Landwirtschaft als grundlegend wohlstandsfördernd erachten, denn die nutzbringende Multifunktionalität der Landwirtschaft mit ihren starken ökologischen und kulturellen Eigenarten ist ein gutes Beispiel, um die Verknüpfung ökonomischer und vermeintlich nicht ökonomischer Faktoren zu demonstrieren. Und es ist nicht verwunderlich, aber im heutigen Wirtschaftsdenken immer noch nicht akzeptiert, dass eine wirtschaftlich nicht wettbewerbsfähige Landwirtschaft die allgemeine Wohlfahrt der Gesellschaft dennoch mehren kann. Der Versuch von Mann und Wüstenmann, die multifunktionalen Leistungen der Landwirtschaft im ländlichen Raum einer volkswirtschaftlichen Gesamtrechnung zuzuführen und sie innerhalb einer Wohlstandsdefinition anzusetzen, dehnt den Wohlstandsbegriff auf weitere objektive Leistungen der Landwirtschaft aus.

Kapitalfluss und Kapitalverzehr

In der Folge der Betrachtung des Leitbegriffs Wohlstand stellt sich eine weitere wichtige Frage: Was verstehen wir unter Kapital?

Interessant im Kontext dieses Buches sind die Ausführungen in Wikipedia zur Wortabstammung von Kapital:

> Etymologisch leitet sich das Wort von lat. »capitalis« (»den Kopf« oder »das Leben betreffend«) ab, dieses selbst geht auf »caput« – »Kopf« zurück. Ab dem 16. Jahrhundert findet sich das italienische Lehnwort »capitale« – »Vermögen« im Sinne der Kopfzahl eines Viehbestandes, als Gegensatz zu den frisch geworfenen Tieren als »Zinsen«. Nach anderen Quellen machten schon im Lateinischen »caput« und »capitalis« einen Bedeutungswandel durch, der im deutschen durch »Haupt-« nachvollzogen wird. »Summa capitalis« war die Hauptsumme in Wirtschaftsrechnungen, woraus »Kapital« entstanden sei.

Von »Summa capitalis« zu sprechen ist etwas anderes, als von Kapital zu sprechen, denn es deutet auf eine erweiterte Rechnung hin. Das daraus entstandene einfache Wort »Kapital« droht bedeutungsverengt interpretiert zu werden.

Nichtsdestotrotz spricht die Volkswirtschaftslehre außer von Finanzkapital noch von Humankapital und von Naturkapital. Das ist ein wesentlicher Schritt hin zur Blickerweiterung der Ökonomie auf den Horizont jeder sinnvollen wirtschaftlichen Kalkulation. Nur haben wir in dieser Separation das gleiche Problem wie beim begrifflichen Umgang mit der Nachhaltigkeit. Nämlich, dass das Human- und das Naturkapital bisher nicht wirklich zum Produktivkapital hinzugezählt wird und in der betriebswirtschaftlichen Rechnung der einzelnen Unternehmen nicht als eigenständiger Wert auftaucht, aber permanent ausgenutzt wird.

Die betriebswirtschaftliche Rechnungslegung ist so veranlagt, dass sie lediglich die Umwandlung von Human- und Naturkapital in Finanzkapital als Ertrag beschreibt, den umgekehrten Fall aber nicht. Aufwendungen für Bodenaufbau, die Beschaffung von Biodiversität oder die Aus- und Weiterbildung von Mitarbeitern werden im landwirtschaftlichen Betrieb nur als Aufwand gebucht, erscheinen aber nicht auf der Ertragsseite im Sinne von Zuschreibungen in das Kapitalvermögen. Das muss zukünftig aber so unternommen werden, denn die Leistungen für das Sozial- und Naturvermögen sind vermögensbildend. Wie schon erläutert, müssen solche Aufwendungen eines Unternehmens und ihre Wirkung unmittelbar als Wert in das Kapitalvermögen eines Unternehmens eingehen und es bilanziell wertvoller machen. Wenn finanzielle Mittel für den Aufbau des Natur- und Humankapitals aufgewendet werden, bedeutet dies, dass Geld in Human- und Naturkapital umgewandelt wurde. Da dieser Vorgang bisher in der Buchhaltung nur einseitig vorhanden ist und die soziale und ökologische Wertbildung in der Bilanz eines Unternehmens fehlt, ergibt sich ein falsches Bild der Realität.

Bodenfruchtbarkeit ist zunächst ein vorhandenes Naturkapital, weil die Fruchtbarkeit ursprünglich durch natürliche Vorgänge der Verrottung von organischem Material unter der Wirkung höherer und niederer Bodenlebewesen entstanden ist. Dieses Naturkapital wird vorrangig durch die Landwirtschaft genutzt bzw. ausgenutzt. Im Laufe der Kulturentwicklung, in der Subsistenzwirtschaft bis zur Industrialisierung der Landwirtschaft, wurde das Naturkapital Bodenfruchtbarkeit direkt in Nahrungsmittel umgewandelt. Die Bauernfamilien produzierten und konsumierten ohne den Umweg über den Markt. Das Essen besaß keinen

Geldwert, das heißt keinen kalkulatorischen Ersatzwert. Die Beziehung von Bodenfruchtbarkeit und Ernährung war unmittelbar und existenziell und für die meisten Menschen erfahrbar. Mit zunehmender gesellschaftlicher Arbeitsteilung löste sich diese Unmittelbarkeit auf und die Versorgung mit Nahrungsmittel wurde anderen Personen bzw. Betrieben überlassen. Der Anteil an Bauern für die Versorgung der übrigen Menschen der Gesellschaft wird immer kleiner. Gerade noch ein Prozent der Gesellschaft versorgt den Rest mit Nahrungsmitteln. Die Landwirtschaft wurde zum Wirtschaftszweig wie jeder andere auch. Etwa seit 100 Jahren werden an den landwirtschaftlichen Betrieb dieselben betriebswirtschaftlichen Maßstäbe angelegt wie an jeden anderen Wirtschaftsbetrieb.

Diese Entwicklung bringt mit sich, dass sich zwischen die existenziellen Beziehungen von Natur und menschlicher Versorgung das instrumentelle Element der abstrakten Betriebsrechnung eingeschlichen hat. Der Flow aus der Fruchtbarkeit der natürlichen Ressourcen geht nicht mehr primär und direkt in die Nutzung als Nahrungsmittel, sondern zunächst über den finanziellen Ertrag eines Betriebes.

Durch die aktive Nutzung des Ackerbodens zur Produktion von Nahrungsmitteln wird das Naturkapital Bodenfruchtbarkeit über den Verkauf von Erzeugnissen am Markt in finanziellen Ertrag umgewandelt. Wird die Leistungsfähigkeit des Bodens durch bestimmte Maßnahmen wieder erhöht und Fruchtbarkeit zugeführt, verursacht das in der Regel finanziellen Aufwand, minimiert also den finanziellen Ertrag und führt letztendlich zu finanziellen Einbußen.

Dieser Aufwand hat in der Bilanz keine Gegenbuchung auf der Ertragsseite, obwohl auf der Ebene der gesamtökonomischen Betrachtung ein Ertrag entstanden ist. Die Folgen sind enorm. Vereinfacht gesagt, ist derjenige Unternehmer heute erfolgreich, der am geschicktesten und effektivsten Human- und Naturkapital in Finanzkapital umwandeln kann, ohne eine Rückvergütung irgendeiner Art erbringen zu müssen. Zu diesem Vorgang kann man auch Ausbeutung sagen.

Die Eigenschaft von Finanzkapital ist, dass man es gut transportieren kann, auf jeden Fall besser als Human- und Naturkapital. Durch diese

Umwandlung gelang es Unternehmern zum Beispiel im Groß- und Einzelhandel, in den letzten Jahrzehnten unglaubliche Vermögenssummen an einer Stelle – dem Unternehmenssitz – anzuhäufen. Noch immer gelten diese Unternehmer als Helden unserer Gesellschaft. In den Listen der reichsten Deutschen werden diejenigen an erster Stelle geführt, die durch die Erfindung des Discountgeschäfts am konsequentesten das Grundvermögen ganzer Regionen geplündert haben. Hinterfragt man die Leistung dieser Unternehmer, so stellt man fest, dass sie nichts anderes taten, als zunächst immobile Natur- und Sozialkapitalien in mobile umzuwandeln, sie aus den Regionen, Städten und Dörfern abzuziehen und bei sich anzuhäufen. Horizontalausbeutung hat ein deutscher Philosoph der Gegenwart dies genannt.

Eine Steigerung dieser Praxis zur praktizierten Perversion ist der heute übliche Vorgang, dass diese Vermögenden mit ihrem geraubten Vermögen eine Stiftung gründen, deren Gemeinnützigkeitszweck oft in die Richtung zielt, die entstandenen Schäden durch gemeinnützige Projekte wiedergutmachen zu wollen. Das Kapital des Stiftungsvermögens wird dann in der Regel nach konventionellen Gesichtspunkten angelegt, sodass die Kapitalanlage der Stiftung die Schadenswirkung dann noch einmal multipliziert, bevor mit den daraus gezogenen Zinsen dann etwas »gemeinnützig Gutes« gemacht werden kann. Diesen ökonomischen Irrsinn praktiziert nicht nur die Bill Gates Stiftung, wie im März 2015 in der *Süddeutschen Zeitung* berichtet, sondern so gut wie jede Stiftung.

Ökonomisch und moralisch korrekt wäre es , wenn Stiftungen die Wirkung der Kapitalanlage evaluieren und offenlegen würden. Am sinnvollsten wäre die Praxis, wenn Stiftungen ihren Stiftungszweck auch über Wirkungsberichte auf investiertes Kapital anstatt über die Zinserträge erfüllen würden und dürften.

Eher geringes Ansehen genießen dagegen die Unternehmer, die Finanzkapital in die anderen Kapitalarten umwandeln, noch bevor es über die (falsche) Bilanzbewertung der Natur und der Gesellschaft entzogen wurde. Sie setzen finanzielle Mittel direkt in ihrem Betrieb ein, um das

Natur- und Sozialvermögen, mit denen sie arbeiten, in ihrem Wert zu erhalten oder gar zu erhöhen. Ihre Geschäftsabschlüsse zeigen auf der Basis der klassischen und falschen Buchhaltung oft finanzielle Verluste, weil sie finanzielle Mittel aufgewendet haben, um soziale und ökologische Vermögenswerte zu erhalten oder gar neu zu schaffen.

Nach der gängigen Sichtweise würden diese Unternehmer einen Verlust des eingesetzten Kapitals verursachen, aber unter dem Gesichtspunkt der notwendigen Internalisierung der externen Effekte und Risiken fällt das Urteil anders aus. Da kann es durchaus möglich sein, dass ein Unternehmen, das nach der falschen Rechnung finanziell weniger gut gewirtschaftet hat, in der Realität mehr Gewinn erwirtschaftet hat als ein Unternehmen, das zwar in der fiktiven Rechnung finanziell ein Plus gemacht hat, aber in der Gesamtrechnung mehr Vermögen vernichtete, als es geschaffen hat.

Ökologische und soziale Verluste

Es wird allgemein über das Verschwinden der kleinen örtlichen Einzelhandelsbetriebe geklagt. Tatsache ist, dass durch die Vernichtung dieser unendlich vielen Kleinbetriebe im Einzelhandel ungeheure Kapitalwerte im Vermögensbereich der Fertigkeiten und Fähigkeiten sowie an lokaler Versorgungssicherheit vernichtet wurden. Oder besser gesagt, die Vermögenswerte wurden in Finanzkapital umgewandelt, in Fluss gebracht und im Privatvermögen einzelner Unternehmer angehäuft. Die Schäden sind gewaltig. Viele Dörfer und Regionen haben keinen Einzelhandel mehr und die Bewohner müssen größere Strecken fahren, um die notwendigen Dinge des Alltags kaufen zu können. Wer nicht mobil ist, wie ältere Menschen, ist aufgeschmissen. Eine Folge davon ist auch, dass in vielen Regionen keine kleinräumig funktionierenden Strukturen mehr vorhanden sind. Mithilfe großer Logistiken werden die Waren über weite Strecken zu den Filialen angefahren. Der Staat baut die Straßen, sodass das extrem hohe Transportaufkommen für die Waren gewährleistet werden kann. Im Grunde ist dieser Aufwand an Straßenbau erst durch die Vernichtung von regionaler Produktions- und Handelsstruktur entstanden. Die Vernichtung konnte deshalb geschehen, weil das vorhandene Infrastrukturkapital keinen Wert in der Buchhaltung darstellte. Dass es aber dennoch einen realen ökonomischen Wert hatte, zeigt sich jetzt in den Diskussionen um die sterbenden Dörfer und Regionen, die mit viel finanzieller Förderung unterstützt oder aufgegeben werden müssen.

Beim Naturkapital ist es schon ein wenig anders, Naturkapital stammt in der Regel aus natürlichen Ressourcen, zu deren Aufbau die Menschen und Staaten wenig beigetragen haben, aber von deren Abbau sie ständig profitieren. Das beste Beispiel hierfür sind die fossilen Energieträger wie Erdöl und Erdgasvorkommen. Diese natürlichen Ressourcen werden weltweit und ständig in Finanzkapital umgewandelt, ohne dass ein Ersatz dafür geschaffen werden muss.

Der dringend anstehende Schritt wäre also, die vorhandenen Natur- und Sozialkapitalien in den Unternehmensbilanzen zu veranschlagen und deren Nutzung in Rechnung zu stellen bzw. die Leistungen zu ihrem Erhalt und Aufbau als Vermögensaufbau zu saldieren.

Die Pflicht jedes Unternehmers und Geschäftsführers zum Kapitalerhalt in seinem Unternehmen ist erst dann wirklich erfüllt, wenn er das Natur- und Sozialvermögen in seine Unternehmensführung und Vermögensrechnung mit einbezieht. Gegenwärtig wird diese Tatsache vom Handelsgesetzbuch noch nicht gesetzlich eingefordert, aber es ist nur eine Frage der Zeit, bis die gängige Praxis der natur- und humankapitalvernichtenden Unternehmensbilanzierung der Vergangenheit angehören wird.

Erweiterung der Begriffe Gewinn und Verlust

Gewinn ist ein positiv, Verlust dagegen ein negativ konnotierter Begriff. Beide Begriffe wurden von der Umgangssprache in die Wirtschaftssprache und von dort wieder zurück in die Umgangssprache übernommen. Durch die Rückübernahme von der Wirtschaftssprache in die Umgangssprache wurden sie reduziert, denn ihr eigentliches Bedeutungsfeld ist größer, als gegenwärtig verwendet. Heute werden sie reflexartig mit Geld in Verbindung gebracht und die allgemeineren und grundsätzlicheren Bedeutungen sind in den Hintergrund getreten. Wahrscheinlich hat es damit zu tun, dass Gewinn und Verlust zu zwei Zentralbegriffen des betrieblichen Rechnungswesens und der privaten wie auch öffentlichen Geldwirtschaft gemacht wurden. In der Folge entstand eine enorme Bedeutungsverengung und Eingrenzung auf finanzielle Verluste und Gewinne. Ihre allgemeingültige Bedeutung haben sie im Laufe des Siegeszuges der heutigen Betriebswirtschaftslehre eher verloren, beide werden sofort und immer mit Geld assoziiert, und schlimmer noch, ihre Bedeutung wird auf die Zahl unter dem Strich einer (falschen) unternehmerischen und privaten Bilanz reduziert. Der Zusammenhang, in dem die beiden Begriffe Gewinn und Verlust stehen, ist aber größer und umfassender. Denkt man darüber nach, wird einem dies sofort klar. In der persönlichen Bilanz über Gewinn und Verlust relativiert sich der finanzielle Aspekt, andere Faktoren der Lebensführung werden einbezogen und gegeneinander abgewogen. Bezieht man diese Überlegung mit ein, dann wird deutlich, dass die Begrifflichkeiten Gewinn und Verlust neu und umfassender gefasst und neue Definitionen gefunden werden müssen. Man muss sich darüber bewusst werden, dass die bisher in der Finanzbuchhaltung verwendeten Begriffe keine universelle, sondern nur eine partielle Gültigkeit haben. Oder wir schaffen es, die unternehmerische wie auch persönliche Finanzbuchhaltung so zu erweitern, dass sie Gewinn und Verlust umfassend und wirklichkeitsgemäß abbildet und internalisierend bilanziert. Dann wären wir auch einen Schritt weiter.

Versteckte Risiken

Die Unvollständigkeit der erfassenden Buchhaltung und der abschließenden Bilanzierung des Unternehmensgeschehens kann und muss auch aus dem Blickwinkel einer zeitgemäßen Risikobewertung von Unternehmen und ihrer gesellschaftlichen Wirkung betrachtet werden. Seit der Finanzkrise richten sich viele gesetzliche Regulierungen auf die Risikoabsicherung von Kapitalinvestitionen. Die Bilanzierungsregeln verlangen, dass die Risiken, denen ein Unternehmen ausgesetzt ist, in die Bilanz als Rückstellungen, Rücklagen oder Wertberichtigungen aufgenommen werden. Das ist erforderlich, wenn man als Eigentümer oder Gläubiger ein realistisches Bild des Unternehmensgeschehens und seiner langfristigen Perspektive der Nachhaltigkeit und Kapitalsicherheit erhalten will. Zur Bewertung von Unternehmensrisiken gibt es klare gesetzliche Regeln. Soziale und ökologische Gesichtspunkte spielen dabei eine immer größere Rolle. Man beginnt zu realisieren, dass nicht nachhaltiges Wirtschaften nicht nur ein langfristig ökologisches und soziales Risiko darstellt, sondern gleichzeitig und faktisch auch ein potenziell finanzielles Risiko auf betrieblicher Ebene ist. Dies gilt auch für den landwirtschaftlichen Betrieb. Im Kontext der Landwirtschaft und der mit ihr zusammenhängenden Nahrungsmittelversorgung der Menschen bestehen nach meiner Auffassung eine ganze Reihe versteckter Risiken, die aber bisher in die Bilanz der landwirtschaftlichen Betriebe nicht einbezogen werden.

Diese versteckten Risiken sind für das Unternehmen wie auch für die Landwirtschaft im Ganzen und in der Folge für die Versorgungssicherheit der Bevölkerung besonders gefährlich, denn sie sind – wie der Name schon sagt – verborgen, sie schlummern und treten irgendwann in Erscheinung. Sie sind deshalb besonders gefährlich, weil sie nicht im Bewusstsein und dadurch schwer beherrschbar sind, wenn sie zutage treten.

Betreffen die Risiken viele Unternehmen der gleichen Art oder ganze Branchen, spricht man von Klumpenrisiko. Die Steigerung davon ist die Systemrelevanz, bei der die Risiken so groß sind, dass ein ganzes System zusammenbrechen könnte, wenn sich die Risiken oder auch nur einzelne realisieren sollten.

In der Nahrungsmittelversorgung gibt es nach meiner Auffassung eine ganze Reihe solcher versteckter Risiken, die bisher höchstens wissenschaftlich beschrieben sind, aber in die betriebswirtschaftliche Rechnung und Bilanzierung der Betriebe noch keinen Eingang gefunden haben. Man kann sie in soziale, ökologische und regionalwirtschaftliche Risiken einteilen, insgesamt sind alles letztlich ökonomische Risiken, denn wenn sie sich realisieren, also zur Wirkung kommen, wird es Geld kosten, um ihre Schäden zu reparieren.

Will man einen Betrieb auf seine Widerstandsfähigkeit gegenüber Krisen überprüfen, so muss man spezielle Fragen an ihn stellen. Man muss ihn daraufhin prüfen, ob er langfristig funktionsfähig ist, auch wenn sich Wesentliches an den Rahmenbedingungen innerhalb und außerhalb des Unternehmens ändert. Einen landwirtschaftlichen Betrieb muss man darauf hin prüfen, woher er seine Produktionsmittel bezieht und wie sein Absatzmarkt aufgestellt ist, ob er mit seinen natürlichen Produktionsgrundlagen, wie zum Beispiel Bodenfruchtbarkeit und biologische Vielfalt, so wirtschaftet, dass er auch noch in naher und ferner Zukunft produzieren kann. Dann muss weiter gefragt werden, ob er auch noch funktionsfähig ist, wenn sich die sozialen Rahmenbedingungen, auf denen sein jetziges Wirtschaften aufsetzt, ändern.

Ein landwirtschaftlicher Betrieb steht bei der Zulieferung der Produktionsmittel und beim Absatz seiner Produkte heute in großen Abhängigkeiten. Oft sind es weltweit organisierte Zulieferstrukturen, die die Produktionsmittel bereitstellen. Besonders in den Blick zu nehmen ist die Verfügbarkeit der Produktionsmittel Boden, Saatgut, Dünger, Energie, Wissen und Fähigkeiten sowie Zugang zum Markt. Im Hintergrund steht hier auch wieder die rein ökonomische Frage, ob das in das Unternehmen eingesetzte Kapital dauerhaft erhalten bleibt oder ob ein Ausfallrisiko besteht.

Für den landwirtschaftlichen Betrieb gibt es ganz spezifische Parameter, die seine Funktionsfähigkeit ausmachen. Er ist ein Unternehmen der Primärwirtschaft und muss anderen Wertbestimmungen unterliegen als jede andere auf ihr aufbauende Wirtschaftsbranche. Denn es wirtschaftet mit den natürlichen Grundlagen, sie bilden einen Teil seines Kapitals.

Wie schon erläutert, baut das gegenwärtige nicht nachhaltige Wirtschaften Ressourcen ab. Im selben Grad entstehen Risiken, da die meisten natürlichen Ressourcen gewöhnlich endlich sind. Bisher wird diese Endlichkeit aber nicht in der Bilanz eines Betriebes als langfristiges Kapitalrisiko berücksichtigt. Er baut deshalb permanent versteckte Risiken auf. Denn sind die natürlichen Ressourcen verbraucht und der Betrieb hat keinen Ersatz geschaffen, hat er die Voraussetzung für ein erfolgreiches Wirtschaften verloren und ist wertlos. Diese Betrachtungsweise ist in der Wirtschaft eigentlich naheliegend, und man ist sich immer mehr der Risiken der gängigen Wirtschaftsmethode in der Landwirtschaft bewusst. Man weiß, dass der Peak oil da bzw. überschritten ist, aber leider hat man es bisher noch nicht geschafft, die Erkenntnis in der betrieblichen Rechnung und in der Bilanz zu operationalisieren. Mit dem Peak oil und dem damit verbundenen Rückgang der Verfügbarkeit von fossiler Energie sind eine ganze Reihe von betrieblichen Risiken verbunden.

So ist die Produktion von synthetischem Stickstoffdünger extrem von fossiler Energie abhängig. Man rechnet damit, dass etwa ein Prozent der weltweit verbrauchten fossilen Energieträger für die Herstellung von synthetischem Stickstoffdünger eingesetzt wird. Die ökologische Landwirtschaft verzichtet dagegen ganz auf diese Nährstoffart und generiert ihren Stickstoffbedarf aus organischen Stoffen, die über den speziellen Anbau von Stickstoff bindenden Pflanzen in den Betriebskreislauf kommen. Der Einsatz von Technik – insbesondere von Maschinen jeder Größe – bringt die Kraftleistung in der Produktion auf.

Jede Stufe der Produktion ist heute auf dieser Technik aufgebaut. Ohne sie kann in den Industriestaaten nichts mehr produziert werden. Die Tatsache, dass diese fossile Energie irgendwann zu Ende geht, wird in der Kalkulation nicht berücksichtigt. Hier wäre eine Risikokalkulation im Sinne einer Erhaltung der Betriebsproduktivität über die nächsten Jahrzehnte notwendig.

Der Transport von Nahrungsmitteln verschlingt ebenso fossile Kraftstoffe. Die Vermeidung von Transport ist eine Risikominderung im Zusammenhang mit der Verfügbarkeit von fossiler Energie. Die Entwicklung der Versorgungsstrukturen von Nahrungsmitteln über weite Strecken in den letzten Jahrzehnten muss vor dem Hintergrund des Risikos der Verfügbarkeit von fossiler Energie überdacht werden. Nach der bisherigen betrieblichen Rechnung lohnen sich Großstrukturen immer noch mehr als kleine, überschaubare.

Um im Kontext des Buches zu sprechen, ist derjenige Unternehmer immer noch benachteiligt, der Risiken vermeidet und deshalb höhere Kosten und höheren Aufwand hat. Er mindert das Risiko, indem er vielleicht weniger Ressourcen verbraucht und deshalb weniger Erträge erzielt oder indem er Kosten für den Ersatz des Verbrauchs aufwendet. Jener Betrieb, der Risiken erzeugt, ohne dafür einen Ausgleich leisten zu müssen, ist in der kurzfristigen Erfolgsrechnung und in der Kapitalrechnung immer noch bessergestellt. Da die Buchhaltungs- und Bilanzierungsregeln mit ihren Vorgaben zur Risikobewertung universell gültig sind und alle Betriebe sich danach richten müssen, entstehen die Risiken auf breiter Basis in unvorstellbarem und in sicher gesellschaftlich relevantem Ausmaß. Die Abschätzung der Risiken speziell in der Landwirtschaft ist auch ein politisches Thema, denn der Staat ist für die generelle Versorgungssicherheit seiner Bürger verantwortlich. Es ist also sinnvoll, die versteckten Risiken, die in einem landwirtschaftlichen Betrieb entstehen und vorhanden sind, einmal genauer aufzuführen und sie ins Bewusstsein zu bringen.

Hier einige Beispiele:

Risikofaktor »Verfügbarkeit von Land«

Das für die Landwirtschaft verfügbare Land ist endlich und nimmt in Deutschland jeden Tag um die Größe eines Fussballfeldes durch den Flächenfraß für die Bebauung ab. Die Betriebe in Deutschland sind auf extremes Wachstum angelegt. Durch die rasend schnell voranschreitende Rationalisierung und die damit einhergehende Technisierung kommen die spezialisierten Betriebe relativ schnell an ihre Wachstumsgrenze. Wer nicht mehr wachsen kann, weil die Fläche nicht mehr vorhanden ist, ist in seinem Bestand gefährdet. Das bedeutet, dass die Spezialisierung landwirtschaftlicher Betriebe und auf reines Flächenwachstum ausgerichtete Betriebsentwicklungsstrategien betriebswirtschaftliche Risiken aufwerfen. Das heißt, betriebliches Flächenwachstum muss als Risiko bewertet werden. Das würde die Unternehmensführung zwingen, andere Strategien der Betriebsentwicklung zu entwickeln, als nur in der Fläche zu wachsen.

Risikofaktor »Verfügbarkeit von genetischen Ressourcen«

Erhebliche Risikoverhältnisse bestehen für den landwirtschaftlichen Betrieb beim Zugang zu Saatgut respektive zur genetischen Ressource. Kaum ein Betrieb in Deutschland produziert heute noch sein eigenes Saatgut, er bezieht es von global organisierten Unternehmen. Dadurch, dass die Pflanzensorten meist sortengeschützt sind und zunehmend auch einen eingebauten biologischen Sorten- bzw. Patentschutz haben, ist der freie Zugang zur genetischen Ressource verwehrt. Der Anbauer muss jedes Jahr neues Saatgut kaufen. Die Marktmacht der Saatgutkonzerne birgt ein enormes Risiko für den Bauern. Ohne Saatgut kann er nicht produzieren. Stellt ein Betrieb sein eigenes Saatgut her, minimiert er sein unternehmerisches Risiko bezüglich der Verfügbarkeit seines Saatguts, hat aber höhere Kosten. Der Gesichtspunkt der gesetzlichen Vorgaben und der Qualität der Sorten ist eine andere Frage, die betrachtet werden muss.

Risikofaktor »Verfügbarkeit von Energie«

Der landwirtschaftliche Betrieb von heute ist hoch technisiert und ohne Sekundärenergie nicht mehr funktionsfähig. Je spezialisierter ein Betrieb ist, desto höher ist in der Regel seine Abhängigkeit von Technik und Energie. Vielfältige und kleinere Betriebe sind noch näher an der Funktionsfähigkeit ohne Strom und Treibstoffe. Sie verwenden kleinere Technik und machen noch einiges von Hand, vor allem bei den Sonderkulturen. Am wenigsten Risiken hat der Betrieb, der seine Antriebstechnik auf eigene Energieproduktion stützt. Technisch möglich wäre dies schon, nur unter den gegebenen bilanztechnischen Bedingungen zu teuer. In einer seriösen Risikokalkulation würde sich die eigene Herstellung von Sekundärenergie wie Biotreibstoffe und Antriebsstrom mit Einsatz von kleinerer Antriebstechnik jetzt schon rechnen.

Risikofaktor »Verfügbarkeit von Dünger und Fruchtbarkeit«

Zur Pflanzenproduktion braucht es nährstoffreichen Boden. Werden dem Boden durch Pflanzenanbau immer nur Nährstoffe entzogen und Humus abgebaut, erlahmt seine Fruchtbarkeit. Früher oder später wächst nichts mehr auf dem ausgezehrten Boden. Dieses Risiko ist in der Landwirtschaft permanent vorhanden. Im ökologischen Landbau werden die Nährstoffe in organischer Form eingebracht und im konventionellen Landbau in synthetischer Form. Die Zugabe von synthetischem Dünger ersetzt den Aufbau von Bodenfruchtbarkeit. Der synthetisch hergestellte Dünger – und hier vor allem der Stickstoff – braucht große Mengen an Energie zu seiner Herstellung. Die Herstellung und Zulieferung ist in der Regel global organisiert, da in der Region und in Deutschland kaum mehr Stickstoffdünger produziert wird. Der einzelne landwirtschaftliche Betrieb ist also abhängig davon, dass die Produktion und die Zulieferung aus anderen Ländern zuverlässig funktionieren. Ein landwirtschaftlicher Betrieb, der synthetischen Stickstoffdünger einsetzt, ist folglich unmittelbar von den Preisen und der Verfügbarkeit von Rohöl abhängig, ohne diese Beigabe ist sein Boden nicht mehr leistungsfähig. Synthetischer Stickstoffdünger ist immer verhältnismäßig günstig zu haben, auf jeden Fall ist sein Einsatz kurzfristig gedacht günstiger als der Aufwand für den natürlichen Bodenaufbau durch Anbaumaßnahmen wie Leguminosenanbau oder Kompostwirtschaft.

Im ökologischen Landbau setzt man dagegen auf den permanenten Aufbau von eigener Bodenfruchtbarkeit im Sinne von Grünbrachen und Kompostwirtschaft im eigenen Betriebskreislauf. Die Bodenfruchtbarkeit ist also für den Betrieb jederzeit zugänglich und vermindert das Risiko der Abhängigkeit dieses essenziellen Faktors von globaler Zulieferung. Es besteht demnach ein erhebliches Risikogefälle zwischen dem ökologischen Betrieb, der seine Bodenfruchtbarkeit im eigenen Betrieb besitzt, und dem Betrieb, der den Ersatz für die Bodenfruchtbarkeit von global organisierten Unternehmen bezieht. Der sogenannte Kalikrieg im Jahr 2012 hat offenbart, dass die Kalidüngerversorgung in Europa vollständig von der weißrussischen Produktion und Zulieferung abhängig ist und die Marktmacht ausgespielt wurde.

Nach meiner Auffassung ist die Art der Nährstoffversorgung in der Bilanz eines landwirtschaftlichen Betriebes als Risikofaktor einzuführen. Eine eigene Versorgung hat einen hohen Vermögenswert, die Abhängigkeit von globaler Zulieferung an Nährstoffen muss eine Risikobewertung nach sich ziehen.

Risikofaktor »Verfügbarkeit von fachlicher Qualifikation und Arbeitskraft«

Die Frage muss dahingehend gestellt werden, ob einem Betrieb genügend fachliche Qualifikation zur Verführung steht, um langfristig erfolgreich arbeiten zu können, das heißt, ob das eingesetzte Kapital langfristig gesichert ist. Im kleinen Familienbetrieb bedeutet die Frage oft, ob der Betrieb familieneigene Hofnachfolger hat. Ist das nicht der Fall, so sind sein Bestand und damit das in ihn investierte Kapital gefährdet. Statistisch gesehen ist bei 70 Prozent aller landwirtschaftlichen Betriebe in Deutschland die Betriebsnachfolge ungeklärt. Stellt man sich vor, dass sich dieses latente Risiko tatsächlich realisiert, kann es zu dramatischen Versorgungsproblemen kommen.

Im größeren Betrieb stellt sich die Frage im Hinblick auf ausreichend fachliche Qualifikation in der Mitarbeiterschaft. Viele Betriebe stützen sich in der Landwirtschaft derzeit auf Saisonarbeitskräfte, die aus anderen Ländern Europas stammen. In Spanien sind sie afrikanischer Herkunft. Die sind zwar billig, denn sie arbeiten oft für unter fünf Euro pro Stunde, ihre Verfügbarkeit hängt aber von vielen, auch politischen Faktoren ab. Dies bedeutet ein potenzielles Risiko. Setzt ein landwirtschaftlicher Unternehmer mehr auf regional ansässige fachlich qualifizierte Mitarbeiter in dauerhafter Einstellung, hat er im Ergebnis zwar höhere Kosten, hat aber ein geringeres Risiko bezüglich der Sicherung von qualifizierter Arbeitskraft. Beide Situationen müssen in der Bilanz berücksichtigt werden.

Für diese beispielhaft aufgeführten Risiken sind in dem Maß Rücklagen in den Bilanzen der Unternehmen einzustellen, in dem die Betriebe sie verursachen. Sicher gibt es noch mehr potenzielle Risikofaktoren für einen landwirtschaftlichen Betrieb. Daraus abgeleitet, dass die Zulieferungs- wie auch die Absatzmärkte der Nahrungsmittelproduktion in der Hand weniger Unternehmen überregional organisiert sind, besteht in Bezug auf die Nahrungsmittelversorgung der Bevölkerung hier ein Klumpenrisiko. Fällt ein Zulieferer, egal aus welchen Gründen, aus oder setzt seine Marktmacht ein, sind ganz Sparten davon betroffen. Geht ein Betrieb dagegen bewusst bei diesen Gesichtspunkten keine Risiken ein und baut vor, indem er sich die Produktionsmittel auf seinem landwirtschaftlichen Betrieb selbst schafft, braucht er auch keine Rücklagen in der Bilanz einzustellen, und sein Vermögensstabilitätswert steigt.

Das Problem dieser an sich notwendigen Praxis besteht darin, dass es schwer ist, den Geldwert für diese Risiken festzulegen. Das ändert nichts daran, dass sie tatsächlich bestehen und es notwendig ist, sie ins Bewusstsein zu holen und in der Buchhaltung und Bilanzierung zu operationalisieren.

Risikofaktor »Zugang zum Markt«

Ein spezialisierter landwirtschaftlicher Betrieb ist heute von großen und dominanten Absatzkanälen abhängig. Sie können ihre Macht ausspielen und den Produzenten unter Druck setzen. Die Konzentration im Groß- und Einzelhandel für Nahrungsmittel in den letzten 50 Jahren hat unglaublich viele landwirtschaftliche Betriebe die Existenz gekostet. Sie haben sich aus betriebswirtschaftlichen Gründen spezialisiert, um am Markt mithalten zu können, und dabei die Risiken der Marktabhängigkeit nicht in die Rechnung einbezogen.

Arbeitet ein Betrieb vielfältig und hat mehrere kleinere Abnehmer oder betreibt sogar Direktvermarktung an viele Endkonsumenten, so hat er zwar höhere Kosten, ist aber nicht so anfällig für den Preisdruck und hat damit ein geringeres betriebliches Risiko.

Reduziert ein Betrieb seinen Zugang zum Markt auf unter zehn unterschiedliche Abnehmer, muss der Betrieb eigentlich eine Risikorücklage bilden, weil nicht gesichert ist, dass und zu welchem Preis er seine Produktion regelmäßig und zuverlässig vermarktet bekommt. Bildet der Produzent mit seinen Abnehmern, Händlern oder Endkonsumenten eine verlässliche Partnerschaft, so muss dies in der Bilanz einen positiven Bewertungsniederschlag finden. Hintergrund der Bewertungsnotwendigkeit ist die Sicherung einer stabilen Ernährungsversorgung.

Risikofaktor »Zugang zu Technik«

Noch vor 50 Jahren wurde in der Landwirtschaft Technik eingesetzt, die auf einfachen mechanischen Prinzipien aufgebaut war, die jeder durchschaute, nachbauen und reparieren konnte. Vor 100 Jahren waren die technischen Hilfsmittel noch einfacher. Heute wird eine Technik eingesetzt, die nur noch einer sehr kleinen Gruppe von Spezialisten durchsichtig und zugänglich ist. Der technische Fortschritt hat sehr viel an Erleichterung für die tägliche Arbeit, aber gleichzeitig ein hohes funktionales und ökonomisches Risiko für den einzelnen Betrieb gebracht. Fällt Technik aus, hat er auf die Funktionalität keinen eigenen Zugriff, er wird handlungsunfähig und braucht den Spezialisten. Mit jedem Innovationsschritt wird das Risiko größer, keinen eigenen Zugang zur Lösung des Problems zu haben, und die Anzahl der Spezialisten kleiner. Dies muss in einer erweiterten betriebswirtschaftlichen Risikobewertung berücksichtigt werden. Ist ein Betrieb so eingerichtet, dass er Technik verwendet, die ihm einen eigenen fachlichen und technischen Zugang offenlässt, ist dies in der Bilanz positiv zu bewerten.

Risikofaktor »Anzahl und Vielfalt der Betriebe«

Die Anzahl der landwirtschaftlichen Betriebe nimmt kontinuierlich ab. In Baden-Württemberg zeigt die amtliche Statistik für das Jahr 1960 noch 340.000 bäuerliche Betriebe, für das Jahr 2013 noch 42.000, eine Umkehr der Entwicklung ist nicht absehbar. Dieser Rückgang hat viele Ursachen, die hier nicht untersucht werden sollen. Die Auswirkungen des Rückgangs der Anzahl bäuerlicher Betriebe sind aber auf den ökonomischen Wert der sicheren Versorgung der Bevölkerung mit Lebensmitteln und der Gestaltung des Lebensraums der Menschen in Bezug auf die Kulturlandschaft fatal.

Die Vielfalt ist ein positiver Wert in der lebendigen Welt, die Monotonie ein negativer Wert. Vielfalt ist die Garantie für Widerstandsfähigkeit und Dehnbarkeit, modern als Resilienz bezeichnet. Diese Resilienz ist überlebenswichtig. Nach meiner Auffassung muss dies in der Bilanz seinen Niederschlag finden. Ein funktionierender landwirtschaftlicher Betrieb, der sozial und ökologisch nachhaltend wirtschaftet, muss einen Wert in der Bilanz für selbst geschaffene Versorgungssicherheit erhalten oder, wenn er nicht nachhaltend wirtschaftet und Gefahr läuft, im Laufe der nächsten Jahre stillgelegt werden zu müssen, weil er zum Beispiel keine Nachfolger aufbaut, abgewertet werden.

Wird sogar ein neuer Betrieb gegründet, was bisher noch sehr selten ist, dann muss dieser von vorneherein einen eigenständigen Wert für geschaffene Versorgungssicherheit in der Bilanz zugeschrieben bekommen. Ökonomisch betrachtet wird einem dies deutlich, wenn man davon ausgeht, dass die Entwicklung der vergangenen Jahrzehnte so weitergeht und die Zahl der Betriebe in Baden-Württemberg in absehbarer Zeit gegen null geht. Wie viel Kapital muss dann aufgewendet werden, um Betriebe für die Versorgung der Menschen wieder entstehen zu lassen? Oder wie viel Geld muss dafür aufgewendet werden, um die Kulturlandschaft zu pflegen und zu gestalten?

Vorschlag zur Erweiterung der Buchhaltung

Jedes in Deutschland angesiedelte Unternehmen unterliegt nach §238 des Handelsgesetzbuchs (HGB) der Buchhaltungspflicht und nach §242 einer jährlichen Erstellung eines normierten Berichts über seine tatsächlichen Vermögens-, Finanz- und Ertragsverhältnisse. Den Vorschriften sollen die Informationen ein den Verhältnissen im Unternehmen entsprechendes Bild vermitteln. Ihre Regeln werden Grundsätze ordnungsgemäßer Buchhaltung, kurz GoB genannt. Das heißt, alle relevanten wirtschaftlichen Vorgänge und Fakten müssen erfasst und dokumentiert werden, um zum Ende eines Geschäftsjahres einen Abschluss, das heißt eine Zusammenfassung über die erfolgten Ausgaben und Einnahmen, Aufwendungen und Erträge erstellen zu können. Die auf dieser Datenbasis erstellte abschließende Bilanz gibt eine Übersicht zur aktiven und passiven Vermögenswertentwicklung im Laufe des vergangenen Geschäftsjahres. Diese buchhalterische Erfassung dient der Beurteilung des Geschäftserfolgs eines Geschäftsjahres im Innenverhältnis und der Publizität gegenüber externen Interessierten, zum Beispiel der staatlichen Finanzbehörde als Vorlage zur Taxierung der Steuern oder dem Rechtsstaat, um die Einhaltung der gesetzlichen Bestimmungen des Wirtschaftens zu überprüfen.

Nach §239 und §246 gelten die Grundsätze der Vollständigkeit. Demnach müssen in der Buchhaltung und im Jahresabschluss auch solche Veränderungen erfasst werden, die nicht als Geschäftsvorfall erkennbar sind, wie zum Beispiel Schwund oder Verderb. Neben den buchführungspflichtigen Vorfällen sind auch Risiken, die bis zum Bilanzstichtag noch keinen Niederschlag in der Buchführung gefunden haben, zu berücksichtigen. Der Unternehmer ist zur Beobachtung und Analyse aller relevanten unternehmerischen Risiken verpflichtet, um diese im Jahresabschluss berücksichtigen zu können.

Mehr und mehr wird deutlich, dass der klassische Jahresabschluss, so wie er gesetzlich vorgeschrieben ist, dem Ziel, ein tatsächliches und umfassendes Bild der Verhältnisse in einem Unternehmen zu liefern, den heutigen Anforderungen nicht mehr gerecht wird. Die Berichterstattung über die betrieblichen Verhältnisse gegenüber den Stakeholdern, das heißt der interessierten Öffentlichkeit, unterscheidet sich je nach Interessenlage des Stakeholders. Seitdem klar geworden ist, dass die nachhaltige Unternehmensführung ein herausragendes Paradigma moderner Unternehmensführung ist, hat sich die Berichterstattung auf die Nachhaltigkeitsberichterstattung ausgeweitet.

Deshalb ist es in den letzten Jahren vor allem für große Unternehmen üblich geworden, zusätzlich ihre Nachhaltigkeitsleistungen anhand von Indikatoren zu erfassen und in einem Nachhaltigkeitsbericht darzustellen. Darin werden die Leistungen zur nachhaltigen Unternehmensführung aufgeführt und erläutert. Dies ist bereits ein erster Schritt hin zu mehr Transparenz un Authentizität im Innenraum eines Wirtschaftsunternehmens. Allerdings fehlt bisher die Verknüpfung des Nachhaltigkeitsberichts mit der betriebswirtschaftlichen Rechnung. Die beiden Instrumente – die Finanzbilanz und die Nachhaltigkeitsbilanz – stehen sich noch gegenüber und erscheinen so als Gegensatz, obwohl sie eigentlich gar keinen Gegensatz bilden, sondern sich nur auf unterschiedlichen Zeit- und Bewertungsebenen bewegen.

Die jetzige Form der Berichterstattung erfordert von dem Informationsempfänger eine erhebliche gedankliche Leistung, um den Zusammenhang zwischen beiden Bilanzen herstellen zu können, wobei der Nachhaltigkeitsbericht oft komplexe Bedingungen und qualitative Sachverhalte beinhaltet, die ohnehin schwierig zu erfassen und zu bewerten sind.

Meiner Meinung nach muss tatsächlich an dieser Stelle angesetzt und ein Weg gefunden werden, wie die betriebswirtschaftliche Rechnung mit ihren Unterinstrumenten Kontenplan und Buchungsmethodik im Hinblick auf langfristig wirkende soziale und ökologische Faktoren ausgeweitet werden kann. Erst dann, wenn die Finanzbuchhaltung mit der abschließenden Bilanz als Schlüsselinstrumente der Unternehmensführung mit ihrem starken Einfluss auf die Unternehmenssteuerung die Analyse gesamtwirtschaftlich trifft, kann nachhaltendes Wirtschaften in seiner mehrdimensionalen Realität auch zu einem festen Bestandteil der Betriebsentwicklung werden.

Durch dieses Vorgehen würde der sektorale Blick der heutigen betriebswirtschaftlichen Betrachtung aufgelöst und die technische Voraussetzung für die Internalisierung externer Effekte geschaffen sowie den Betrieben und Unternehmen ein wichtiges Werkzeug zur nachhaltigen Unternehmensführung an die Hand gegeben.

Die Angst vieler Experten mit der Forderung sozial und ökologisch nachhaltiges Wirtschaften als Teil der Finanzbuchhaltung und Unternehmensbilanzierung in Konflikt mit den Regelungen im Handelsgesetzbuch zu kollidieren sind aus meiner Sicht ganz unbegründet. Im Gegenteil, das HGB schreibt ja gerade sinnvollerweise vor, dass Grundsätze ordentlicher Buchführung angewendet werden sollen und die Unternehmensbilanz ein angemessenes Bild der vorliegenden Vermögenswerte und ihrer Veränderung wiedergeben müssen. Nichts anderes verfolgt die Internalisierung externer Effekte, sie fordert geradezu die Prinzipien, die im Handelsgesetzbuch stehen, konsequent ein.

Der Kontenplan – die DNA des Wirtschaftsunternehmens

Die Idee, die Methodik der Finanzbuchhaltung von Wirtschaftsunternehmen mit der Vererbungslehre in der Pflanzenzüchtung zu vergleichen, stammt aus meiner Zeit als Pflanzenzüchter. Die Denkmuster und die daraus abgeleiteten Theorien sind sich so ähnlich, dass es im Sinne eines Erkenntnisfortschritts zu mehr nachhaltigem Wirtschaften durchaus nützlich sein kann, sich den Vergleich einmal genauer anzusehen.

Ausschlaggebend für die Idee des Vergleichs ist die Ähnlichkeit der Struktur der doppelten Finanzbuchhaltung mit seinem Kontenplan und der Struktur der als Doppelhelix veranlagten DNA. Ebenso frappierend ähnlich ist der Wirkungszusammenhang zwischen dem Genotyp, also der Informationsebene, und dem Phänotyp, der äußeren Erscheinungsform, in beiden Fällen. Die Gensequenzen einer Pflanze mit ihrem Informationsgehalt bestimmen ihre äußere Erscheinungsform genauso wie der Kontenplan der Finanzbuchhaltung mit seinem Informationsgehalt die Erscheinungsform der Unternehmen bestimmt. Entscheidend für den Erkenntnisfortschritt ist die Betrachtung des Wirkzusammenhangs zwischen der informationstragenden Abstraktionsebene eines Organismus, dem Organismus selbst und seinem Umfeld.

Zur Verdeutlichung stelle ich hier einige Beispiele gegenüber:

- ◆ Der Kontenplan eines Unternehmens ist die Trägerstruktur für die Aufnahme und die Codierung der Informationen der realen Prozesse eines Unternehmens.
- ◆ Die DNA ist die Trägerstruktur für die Aufnahme und Codierung der Informationen der realen Prozesse in einer Pflanze.

➤ Bei beiden stellt eine codierfähige Doppelstruktur die abstrakte Ebene der Organisation bzw. des lebendigen Organismus dar, bei der Pflanze die Doppelhelix, im Unternehmen die doppelte Buchführung.

- ◆ Im betriebswirtschaftlichen Jahresabschluss eines Unternehmens bildet sich die gesammelte Information über einen Wirtschaftszyklus ab.
- ◆ Im Genom einer Pflanze liegen die gesamten Informationen über den vergangenen Lebenszyklus vor.

➤ In beiden Fällen werden die gesamten Informationen abstrahiert und gebündelt.

- ◆ Die Unternehmensführung stützt sich auf die gesammelten Informationen ihrer Buchhaltung, um das Unternehmen steuern zu können.
- ◆ Die Pflanze stützt sich auf ihr Genom mit seinen gebündelten Informationen, um ihre Lebensprozesse zu steuern.

➤ In beiden Fällen bilden die archivierten Informationen die virtuelle Grundlage für einen neuen physischen Lebenszyklus.

- Die Unternehmensführung nutzt die Daten der Finanzbuchhaltung für die laufende Unternehmenssteuerung, indem sie bestimmte betriebswirtschaftliche Auswertungen (BWA) aus der Buchhaltung vornimmt und nutzt.
- Die Pflanze greift mittels Proteinsyntheseprozessen permanent auf die Informationen zurück und verwertet sie, um die Prozesse zu steuern.

➤ In beiden Fällen gibt es ein permanentes Wechselspiel zwischen dem Genotyp und dem Phänotyp, das heißt zwischen Abstraktion und Wirklichkeit.

- Ein Wirtschaftsunternehmen steht im Zusammenhang bzw. in Abhängigkeit mit seinem Umfeld, sei es gegenüber anderen Unternehmen, seinen Konsumenten oder seinem kulturellen, gesellschaftlichen und natürlichen Umraum.
- Eine Pflanze steht im Zusammenhang bzw. in Abhängigkeit mit ihrem Umfeld, sei es gegenüber anderen Pflanzen oder ihrem weiteren natürlichen, klimatischen und kulturellen Umraum.

➤ In beiden Fällen bestehen direkte Zusammenhänge, Wechselwirkungen und Abhängigkeiten an der jeweils eigenen Umgrenzung, besser gesagt, die Umgrenzung ist durchlässig.

Soweit eine direkte Gegenüberstellung mit ein paar erkenntnistheoretischen Parallelen von Wirtschaft und pflanzlicher Organisation als gedankliche Einführung in den Vergleich.

Nun geht es in der Interpretation darum herauszufinden, ob es Ableitungen gibt, die der Ökonomie bzw. den Unternehmen helfen können, ein nachhaltigeres Wirtschaftsprinzip zu finden. Denn es könnte durchaus möglich sein, dass von der natürlichen Evolution bzw. ihren Erklärungsmodellen und ihrem Wandel etwas gelernt werden kann. Dazu braucht es noch einige Ausführungen zu den älteren und jüngeren Denkmodellen in der Biologie.

Genotyp und Phänotyp

Im Genotyp einer Pflanze sind alle relevanten Informationen enthalten, die sie braucht, um ihre äußere Ausprägung – den Phänotyp – in einem Lebenszyklus hervorzubringen. Bis vor wenigen Jahren ging man in der Genetik noch davon aus, dass ein monokausaler Wirkungszusammenhang vom Genotyp zum Phänotyp einer Pflanze besteht. Man nahm an, dass sich die in der DNA niedergelegte Information monokausal in die äußere Erscheinungsform der Pflanze hineinlebt. Die archivierten Informationen werden über komplizierte molekularbiologische Regelmechanismen aus der starren Abstraktion in die äußere Erscheinungsform gebracht. Der Informationsgehalt des Genoms selbst soll über Mutationen des Erbgutes im Laufe der Evolution entstanden sein.

Der Phänotyp einer Pflanze soll sich nach dem Prinzip der »darwinschen Anpassung« herausgemendelt haben. Das heißt, Individuen, die nicht die »richtigen« genetischen Informationen und Merkmale für die real vorhandenen Umraum- und Innenraumbedingungen hatten, konnten nicht überleben und sich nicht fortpflanzen. Positiv formuliert heißt das, dass das Individuum, das die richtige genetische Information für die jeweilige Umraum- und Innenraumsituation besaß, überleben und sich fortpflanzen konnte.

Seit einiger Zeit muss man in der Biologie anerkennen, dass die strukturelle Veranlagung der genetischen Information auf der DNA einer Pflanze viel stärker einer andauernden Interaktion mit ihrem äußeren

Umfeld unterliegt, als bisher angenommen. Die genetische Codierung der DNA, der die phänomenologische Ausprägung steuert, ist nicht starr, sondern im ständigen Fluss. Die Codierung ändert sich nicht nur durch Mutation, sondern auch, wenn von außen ein relevanter Reiz auftrifft. Die Pflanze hat ein Gedächtnis, in dem sie die »erlebten« Prozesse verarbeitet und archiviert.

Die Sichtweise einer starren dominanten Struktur, von der die äußere Form monokausal und unmittelbar abhängt, musste aufgegeben werden, denn die Expression der archivierten Information in die lebendige äußere Form unterliegt einer permanenten Synthese von äußerem Reiz und innerer Information.

Reizfaktoren, denen eine Pflanze ausgesetzt ist bzw. ihre Mechanismen, mit denen sie auf den Reiz reagiert, wirken sich zunächst auf die äußere Erscheinung aus, werden aber sofort und innerhalb eines Lebenszyklus in das Genom vererbbar aufgenommen. Bei der nächsten Reizbelastung ähnlichen Typs kann die Pflanze dann bereits in der nächsten Generation aktiv darauf reagieren. In Stresssituationen macht sich das besonders deutlich. Bisher ging man davon aus, dass nur jenes Individuum überlebt und sich weiter fortpflanzt, welches sich die Abwehrmechanismen über interne Mutationen im Genom bereits angeeignet hatte, um mit der Stresssituation erfolgreich umgehen zu können. Zur neuen Sichtweise würden die Pflanzenzüchter sagen, »die Pflanze ist genetisch empfindlich gegenüber ihrem Umraum«, was heißt, dass sie eine Wahrnehmung für die äußeren Vorgänge hat und aktiv darauf reagieren und die Reizreaktion auch vererben kann. Der Begriff »Empfindlichkeit« wird hier positiv verwendet.

Das heißt, über den Phänotyp holt sich die Pflanze in jedem Lebenszyklus alle Informationen aus ihrem Umfeld ein und gibt sie als Impression in die Informationsebene ihrer DNA, um sie für die nächste und übernächste Generation gleich wieder zur Verfügung zu haben. Die Informationsstruktur der Pflanzen-DNA ist demnach kein gegenüber dem gesamten Umraum und seinen Bedingungen abgeschlossener Informationspool, sondern ein interaktiv offener. Gene werden beliebig zugeschaltet, abgeschaltet, neu kombiniert und ganz neu erstellt, um die Merkmale und Reize in Information zu transkribieren. Wäre die DNA starr, könnten Informationen für die es bisher keine Erkennung gibt, gar nicht archiviert werden.

Versuchen wir diese Erkenntnisse aus der Biologie in die Ökonomie zu übertragen.

In einem Wirtschaftsunternehmen funktioniert der Wirkungszusammenhang zwischen der in der Buchhaltung abgelegten Information und der Unternehmenssteuerung ähnlich. Alle verfügbaren Daten werden über das zentrale Instrument der Finanzbuchhaltung gesammelt, in einen Jahresabschluss gebracht und archiviert. Das entscheidende Erfassungsinstrument ist der Kontenplan. Über ihn werden die Informationen codiert, das heißt, sie werden entsprechend ihrem Code zugeordnet. Mit Beleg versehene Ausgaben und Einnahmen fließen über die Buchhaltung in den Informationsgehalt, das »Genom« des Unternehmens. Diese Daten stehen dann codiert der Unternehmenssteuerung zur Verfügung. Auf der Basis dieser Daten trifft die Unternehmensführung die Entscheidungen für das Unternehmen, die codierten Daten werden also wieder für die Bildung des neuen Phänotyps verwendet. Es besteht ein ständiger Fluss zwischen der Abstraktionsebene der Finanzbuchhaltung und dem Phänotyp, also der äußeren Erscheinung des Unternehmens. Die Daten stammen zwar aus der Vergangenheit, sie werden aber dazu verwendet, Entscheidungen für die Zukunft des Unternehmens zu treffen.

Es ist aber bei der momentanen Buchhaltungsmethode so, dass Vorgänge im Unternehmen und in seinem Umfeld, für die es keine Buchhaltungskonten gibt, nicht in das »Genom« des Unternehmens aufgenommen werden, obwohl sie real vorhanden waren oder sind. Diese Tatsachen, Prozesse und Qualitäten verschwinden aus der Aufmerksamkeit und verlieren ihre Geltung. Aus diesem Umstand leiten sich viele Irrtümer in der Wirtschaft ab. Man meint, dass das, was nicht im »Genom«, sprich im Jahresabschluss und der Bilanz eines Unternehmens manifestiert ist, keine Geltung für das Unternehmen hat.

Genau an dieser Stelle liegt der fatale Irrtum der Ökonomie. Ist das Instrument der Buchhaltung, das heißt der Kontenplan, unvollständig und die Fähigkeit einer komplexen und umfassenden Erfassung aller wichtigen Informationen in ihr deshalb nicht veranlagt, stimmen die Daten des Genotyps nicht mit der Realität, in dem das Unternehmen agiert, überein. Das Unternehmen ist unsensibel gegenüber denjenigen phänomenologischen Realitäten seines Um- und Innenraums, die nicht über einen belegbaren Buchungsvorgang gehen. In der Folge stützt sich die Unternehmenssteuerung auf unvollständige Daten bei der Analyse und Interpretation und erhält so ein falsches Bild des Unternehmens und seiner Wirkung.

Ein Wirtschaftsunternehmen unterliegt aber sehr viel mehr Einflüssen und Wirkungen, ebenso wie es viel mehr Wirkungen auslöst, als in der bisherigen Finanzbuchhaltung festgehalten werden. Diese Einflüsse und Wirkungen müssten sich eigentlich vollständig auf der Abstraktionsebene, also dem Genom der Unternehmen, in hoher Aktualität strukturell und faktisch widerspiegeln.

Es ist ein fataler Fehler in der Wirtschaft, das alte Prinzip der Unternehmenssteuerung, die Ableitung der Entscheidungen aus der unzureichenden und beschränkten Abstraktion der Finanzbuchhaltung zu treffen und das Unternehmen in eine Richtung zu entwickeln, die nicht zu seinen gesellschaftlichen und ökologischen Umraumbedingungen passt. Die derzeitig gültige betriebliche Buchhaltung macht das Unternehmen blind für seine gesamtökonomischen Umraumbedingungen. Die Schäden an der Umwelt, an der Gesellschaft wie auch an den einzelnen Menschen durch das falsche Wirtschaften bringen den Typ des gegenwärtigen Unternehmens in enorme Schwierigkeiten.

Betrachtet man es nur nach dem überkommenen, weil reduzierten Genom- bzw. Bilanzbegriff, muss angenommen werden, dass das Unternehmen mittel- und langfristig nicht überlebt, weil es zu vielen versteckten und potenziellen Risiken ausgesetzt ist, auf die es nicht reagieren kann, falls die Risiken sich realisieren. Das heißt, wir müssen die DNA der Unternehmen, sprich den Kontenplan als Erfassungsinstrument der Wirtschaftsunternehmen an die veränderten Verhältnisse anpassen und eine Buchhaltung entwerfen, die die wesentlichen Fragen an das Unternehmen richtet, um dadurch alle Tatsachen des Unternehmensgeschehens und seines Umraumes auf die Abstraktionsebene zu bringen.

Lebensgemäße Buchhaltung

In den vergangenen Jahren gab es dazu diverse technisch-instrumentelle Entwicklungen, wie die Nachhaltigkeitsberichte oder die Balanced-Scorecard, mit denen Unternehmen versucht haben, weitere Informationen aus dem inneren und äußeren Unternehmensgeschehen in die Unternehmenssteuerung hinzuzuziehen. Aus meiner Sicht sind dies zwar Schritte in die richtige Richtung, aber sie greifen noch zu kurz. Vor allem immaterielle Faktoren des Wirtschaftens haben oft keine Chance, in Entscheidungssituationen dasselbe Gewicht zu erhalten wie materielle bzw. finanziell direkt abbildbare Faktoren. Sie würden erst dann adäquat berücksichtigt, wenn sie einer bilanzierfähigen geldwerten Bewertung innerhalb eines festgelegten Zeitraums, wie etwa eines Geschäftsjahres, unterzogen würden. Es muss uns aber bewusst werden, dass immaterielle Faktoren, egal ob Risiken oder Chancen, sich jederzeit realisieren können. Daher sind immaterielle Faktoren zu einem festzulegenden Teil potenziell materiell und sind als solche auch in der Bilanz bewertend zu veranlagen.

Aus dem Vergleich mit der biologischen Pflanzenwelt sollte deutlich geworden sein, dass der Kontenplan der Finanzbuchhaltung eine sehr wichtige Rolle bei der Informationsbeschaffung der betrieblichen Bedingungen im Innen- und Außenverhältnis darstellt und dass er flexibler als bisher gehandhabt werden muss. Die Unternehmensleitung braucht eine gewisse Autonomie in der Gestaltung des Kontenplanes und der Zuweisung von Informationen, sprich Werten von Prozessen, die im Unternehmen ablaufen. Eine moderne und den Zeiterfordernissen entsprechende Finanzbuchhaltung ist einzelbetriebsspezifisch ausgelegt. Er richtet sich nicht nach allgemeinen Regeln, sondern nach dem, was im und um den Betrieb stattfindet. Als Hauptinstrument der betrieblichen Abstraktion muss sie das Betriebsgeschehen so vollständig wie möglich nachzeichnen, sonst hat sie ihren Dienst versagt. Eine Finanzbuchhaltung, die die Information in einem zu allgemeinen Rahmen erfasst und wiedergibt, ist unbrauchbar.

Nachhaltige Regionalökonomie

Die betriebliche Rechnungslegung, die Bilanzierung und die darauf aufbauende Kalkulation werden sich in Zukunft auf überschaubare lokale Wirtschaftsräume über die Grenzen des einzelnen Betriebes hinaus beziehen müssen. Das Unternehmen jedweder Art wird sich mit seiner betrieblichen Rechnungslegung und Bilanzierung in den Kontext seiner wirtschaftlichen Bezüge innerhalb seines geografischen, sozialen, natürlichen und zeitlichen Gestaltungsraums stellen müssen. Die Verbindung über den Kauf und Verkauf einer Leistung oder einer Ware als einzige »Kommunikation« reicht nicht aus, weil der Preis viele Faktoren und Wirkungen nicht beinhaltet. Isolierte, nur auf den inneren Betrieb ausgelegte Erfolgsrechnungen von Unternehmen treffen so lange keine belastbare Aussage, wie ihre positiven und negativen Wirkungen auf sein soziales und ökologisches Umfeld im Dunkeln bleiben. Eine Bilanz ist aussagelos, solange die Gewinne und Verluste, Kosten und Nutzen auf die jeweiligen Bezugs- oder Entwicklungsfelder nicht erfasst und bewertet wurden. Kein Unternehmen steht isoliert in der Welt, sondern jedes ist Teil eines größeren Ganzen, was klassisch in der Volkswirtschaft beschrieben wird.

Entsprechend dem erläuterten Spiegelbild aus der Pflanzenwelt, müssen die Reizfaktoren aus dem Bezugsraum des Unternehmens direkt als Information in der Buchhaltung des Unternehmens als Konto bzw. Informationsträger angelegt werden, um anschließend durch die Expression der Informationen dem Unternehmen wieder nutzbar gemacht werden zu können. Außerbilanzielle Informationen, wie zum Beispiel ein Nachhaltigkeitsbericht, haben kaum einen Wert, weil sie in ihrer Wirkung auf die Unternehmenssteuerung zu schwach sind. Wenn ein Betrieb junge Menschen ausbildet oder pädagogische Projekte durchführt, damit zeitlichen und finanziellen Aufwand hat, ist dies als tatsächliche Investition in seiner Bilanz auf der Ertragsseite unter dem Vermögenswert »geschaffene Werte in fachlicher Qualifikation« positiv abzubilden, weil er in die Zukunft der Region investiert hat. Stellt ein Betrieb überwiegend Saisonarbeitskräfte ein, die keine solide fachliche Qualifikation haben und in der kurzen Zeit ihres Aufenthalts auch nicht aufbauen können, muss der Betrieb eine Haftung für das Risiko durch den Verlust an »lokalem Fähigkeitenkapital« übernehmen und dafür in seiner Erfolgsrechnung dem regionalen Verlust entsprechend belastet werden. Die neue Art der Buchhaltung und Bilanzierung wird sich auf den Betrieb in der Weise auswirken, dass er durch seine Tätigkeit wertbildend auf sein Umfeld wirkt und gleichzeitig finanziell erfolgreich ist. Ein Umfeld ausbeutendes Wirtschaften darf sich finanziell nicht mehr lohnen.

Schwierigkeit der Bewertung

Würde die erweiterte Buchhaltung und Bilanzierung eingeführt, so müssten Bewertungen für eine Reihe von Vorgängen und Leistungen gefunden werden, die bisher noch nicht kalkuliert wurden. Wie viel ist der Aufbau von Bodenfruchtbarkeit wert? Wie viel die Bereitstellung von Biodiversität? Oder um wie viel ist der Vermögenswert eines Betriebes durch die Ausbildung eines jungen Landwirts gestiegen? Solche Fragen tauchen erst auf, seit die betriebswirtschaftliche Rechnung neben den gesetzlichen Rahmenbedingungen die Steuerung der landwirtschaftlichen Betriebe übernommen hat und die »weichen« Werte in die Nachrangigkeit gerutscht sind. Wie oft ist von Kollegen zu hören, dass sie keine Lehrlinge mehr ausbilden, die Vielfalt in der Betriebsführung aufgaben, spezialisiert haben und keinen Fruchtwechsel mehr machen, weil es sich »nicht lohnen« würde. Nach nur 50 Jahren konsequent betriebswirtschaftlich (industriell) geprägter Unternehmenssteuerung in der Landwirtschaft sind unendlich viele Betriebe aufgegeben worden und Betriebe entstanden, die trostlos anmuten, weil sie übertechnisiert und menschenleer oder von Scharen von Saisonarbeitskräften aus Osteuropa bevölkert sind, die stumpfsinnige Arbeiten verrichten müssen. Am Beispiel der Kulturlandschaft wird besonders deutlich, wie der industrieorientierte, betriebswirtschaftliche Genotyp der landwirtschaftlichen Betriebe massiven Einfluss auf seinen Umraum hat. Aus industriell betriebswirtschaftlicher Sicht kann eine Fläche nicht groß genug sein, um sie rentabel bewirtschaften zu können. Am rentabelsten kann ein Betrieb, der eine Pflanzenkultur auf einer einzigen zusammenhängenden Fläche abbaut, wirtschaften. Kurze Felder, Hecken und Bachläufe stören nur und werden bei Flurbereinigungen immer noch gerne eliminiert. Für die Landwirtschaft bedeutet Vielfalt Mehraufwand, weil kleinere Flächen mit Bächen und Bäumen die technische Bearbeitung rechnerisch unrentabel machen. Dazu kommt, dass der Imperativ der Betriebswirtschaft vorgibt, dass die Pflanzenkultur angebaut wird, die dem Betrieb am meisten finanziellen Ertrag bringt. Das begründet auch den Siegeszug des Mais in vielen Regionen.

Dennoch hat eine vielfältige und gepflegte Kulturlandschaft für den Einzelnen und die Gesellschaft einen ökonomischen Wert, weil sich darin die Menschen wohlfühlen, gesünder sind und sich dort lieber ansiedeln als in uninteressanten, eintönigen Regionen. Eine einfältige Landschaft lockt kaum Menschen in ein Gebiet, egal ob sie sich dort als Besucher aufhalten oder dort wohnen. Langfristig führt eine unattraktive Region zunächst zu schwindenden Einwohner- oder Touristenzahlen und dann auch zu wirtschaftlichem Niedergang, zum Beispiel, wenn die jüngere Generation in attraktivere Gebiete abwandert. Also ist eine vielfältige Kulturlandschaft in einer regionalwirtschaftlichen Gesamtrechnung eine wirtschaftliche Größe. Der Zusammenhang zwischen der Ausprägung der Kulturlandschaft und dem Typ Landwirtschaft, der praktiziert wird, ist zwar noch einigermaßen nachvollziehbar. Wie die inneren Regelmechanismen funktionieren, ist dagegen nicht so einfach zu durchschauen. Das hat oft zur Folge, dass erst an den sichtbaren Auswirkungen die Fehlentwicklung erkannt wird, zu einem Zeitpunkt, an dem Verlust und Schaden bereits eingetreten sind und Korrekturen Zeit und Geld kosten.

Dafür gibt es viele Beispiele: Der Markt für die landwirtschaftlichen Erzeugnisse ist global organisiert, und der Einzelhandel folgt in der Regel dem billigeren Preis. Die Milch oder das Milcherzeugnis wird dort eingekauft, wo es am günstigsten ist, wenn es gut geht, gerade noch irgendwo in Europa, kaum aber dort, wo die Bewirtschaftung aufgrund einer vielfältigen Landschaft aufwendig ist und damit mehr in der Erzeugung kostet als in einfach zu bearbeitenden Gegenden. So kann es passieren, dass die Milch für einen original italienischen Mozzarella aus Deutschland über 1.500 Kilometer in die Abruzzen gefahren wird und dort vor Ort die Bauern ihre Ställe schließen müssen. Im Anschluss daran wird der fertige Mozzarella wieder nach Deutschland gefahren. Aufgrund der günstigeren betriebswirtschaftlichen Rechnung hat sich ebenso der Mais bis in den hintersten Winkel der Republik Bahn gebrochen. In den Tälern des Kaiserstuhls macht er sich breit und verändert die Kulturlandschaft negativ. In anderen Regionen sind es andere Kulturpflanzen, zum Beispiel der Apfelanbau in Südtirol. Dort wandern die Apfelplantagen bereits auf 1.000 Meter über dem Meeresspiegel. Die angestammten Milchbauern haben kaum eine Chance, bei den steigenden Bodenpreisen ihren Betrieb aufrechtzuerhalten. Auch dort ändert sich die Kulturlandschaft von Bergwiesen zu monotonen Apfelplantagen. In der Folge wird die Landschaft für den Tourismus unattraktiv und die Region verliert eine wichtige Einkommensquelle.

Ein weiteres Beispiel: Kosten zur Steigerung der Bodenfruchtbarkeit schlagen in einem Geschäftsjahr zu Buche, die Erträge, die dagegenstehen, machen sich erst über mehrere Jahre bemerkbar. Auf der Gegenseite stellen sich auch die ökologischen Verluste nur schleichend ein und werden erst nach einigen Jahren ersichtlich und ökonomisch wirksam. Dieses Faktum der Zeitdimension stellt die Bewertung von Leistungen und von Verlusten vor ein großes Problem. Üblicherweise werden die Finanzbuchhaltung und die daraus abgeleiteten Geschäftsabschlüsse auf ein Geschäftsjahr veranschlagt, nämlich innerhalb dessen, in dem die Leistung fällig und ein Zahlungs- oder Bewertungsvorgang getätigt wird. Aber auch wenn längerfristige Einflüsse auftreten, müssen sie doch anteilsmäßig angerechnet werden können. Werden ökologische Schädigungen bekannt, zum Beispiel am Boden, das heißt, sind Wertminderungen zu erwarten, so müssen diese bewertet und dementsprechend bei irreparablen Schäden Abschreibungen, bei reparablen Schäden Rückstellungen in einem Geschäftsabschluss vorgenommen werden.

Im Fall der Landwirtschaft ist davon auszugehen, dass ein nicht sorgsamer Umgang mit dem Boden, zum Beispiel durch Überbeanspruchung mit Monokulturen, langfristig Schäden und damit eine langfristige Wertminderung nach sich zieht, obwohl in der kurzfristigen Gewinn-und-Verlust-Rechnung höhere Erträge ausgewiesen werden können als bei dem Betrieb, der mit dem Boden sorgsamer umgeht. Auf der anderen Seite verursacht der sorgsame und wertbildende Umgang mit dem Boden Kosten oder zumindest Mindererträge, zum Beispiel durch die Einhaltung von Ruhe- und Aufbauphasen für den Boden bzw. der Bodenfruchtbarkeit. In dieser Zeit können auf dem Grundstück keine Marktfrüchte angebaut und somit keine Erträge erwirtschaftet werden, das heißt, das vorhandene Kapital wird nach der jetzigen Bilanzregelung in einem bestimmten Veranschlagungszeitraum nicht produktiv eingesetzt, im Sinne der nachhaltigen Sicherung der Produktivität aber sehr wohl. Ökologisch erzeugte Produkte erzielen in der Regel höhere Erzeugerpreise, das heißt, der Endverbraucher honoriert dadurch, dass er höhere Preise für Ökoprodukte zahlt, schon den höheren Aufwand für den sorgsamen Umgang mit der Ressource Boden und den anderen ökologischen Ressourcen. Der Konsument von Ökoprodukten geht davon aus, dass die so erzeugten Nahrungsmittel auch so, wie er es sich vorstellt, produziert wurden, deshalb bezahlt er den höheren Preis. Es ist aber überhaupt nicht gesichert, dass der höhere Preis die Kosten, die der sorgsame Umgang verursacht, auch wirklich deckt. Und es ist weiter unklar, ob eine eventuelle Unterdeckung aufgrund von anderen Schwächen in der Betriebsleitung auftaucht oder aufgrund der besonderen sozialen und ökologischen Leistungen. In der Grundbetrachtung müssen deshalb die beiden Bewertungsseiten, die Erbringung und die Nichterbringung von Leistungen, berücksichtigt werden. Die Erbringung von Nachhaltigkeitsleistungen erzeugt Kosten, für die keine kurzfristigen finanziellen Erträge dagegengerechnet werden können, die Nichterbringung erzielt aber kurzfristig höhere Erträge. Das heißt, den Erträgen stehen keine Kosten für die nicht nachhaltige Bewirtschaftung und den Aufbau der Produktivität gegenüber. Solche Beispiele gibt es unendlich viele.

Wie können für die angeführten und die vielen weiteren Beispiele Bewertungen vorgenommen werden, und wer stellt also einen solchen Wert fest?

Gemeinhin wird er von der Marktwirtschaft unter den Gesichtspunkten der Knappheit festgelegt: je knapper, desto teurer. Ist ein Produkt nachgefragt, hat es einen Wert, wird es nicht nachgefragt, hat es keinen Wert. Ist die Nachfrage höher als das Angebot, steigt der Preis, ist das Angebot höher als die Nachfrage, fällt der Preis. Wird aber eine Leistung nicht auf einem Markt gehandelt, findet auf diese Art die Wertfeststellung nicht statt, obwohl die Leistung langfristig vielleicht überlebenswichtig ist. Wir brauchen aber auch für Faktoren, bei denen der Markt versagt und die nicht auf den Märkten gehandelt werden, eine Wertfeststellung, das heißt, wir kommen nicht darum herum, für einige bisher unterbelichtete Leistungen Werte festzulegen und sie tatsächlich monetär anzusetzen. Das ist für jeden Einzelnen sehr gut machbar, wenn er einmal in sich geht und sich fragt, was ihm wie viel wert ist und was er dafür einsetzen will. Schwieriger wird es, wenn die Werte allgemein gültig sein sollen, denn dann müsste ein allgemeingültiger Konsens zwischen den Beteiligten, dem Anbietenden und dem Nachfragenden hergestellt werden, ohne dass ein Markt stattfindet. Am ehesten wird es wohl in regionalen Clustern mit konkret Beteiligten möglich sein, denn bei universellen und global gültigen Wertfestsetzungen besteht die Gefahr, dass sie wiederum an der Realität vorbeigehen, weil die nachhaltende Bewirtschaftung in Norddeutschland andere Kosten verursacht als in Süddeutschland. Zur praktischen Handhabung der Wertschöpfung ist es notwendig, konkrete regionale Bezugsräume einzurichten, in denen die Werte ausgehandelt werden können. In Österreich gab es vor Jahren ein Modellprojekt, in dem Landwirte und Hoteliers gemeinsam Werte für die Kulturlandschaft festgelegt haben und die Hotelbranche die Leistungen, die die regionalen Bauern für die Pflege der Kulturlandschaft erbracht haben, extra bezahlten.

Es bleibt festzuhalten, dass für die Erbringung von Leistungen zur nachhaltigen Sicherung der Ressourcen, also Lebensgrundlagen, entsprechende Erträge veranschlagt werden müssen, denn sie sichern den Kapitalwert des Anlagevermögens. Ein Ackerboden, der nicht fruchtbar gehalten wird, und ein landwirtschaftlicher Betrieb ohne qualifizierten Landwirt sind schlicht nichts wert.

Die Regelungen des Handelsgesetzbuches, dass Boden nur nach seinem Anschaffungs- oder Veräußerungswert bewertet und bilanziert werden kann, sind überholt. Richtig wäre, dass für landwirtschaftlich genutzte Böden Wertberichtigungen nicht nur im Veräußerungsfall stattfinden, sondern von Jahr zu Jahr, je nach Bewirtschaftungsart. Gewöhnlich verhält es sich so, dass in Fällen, in denen Boden teurer verkauft wird, als er gekauft wurde, stille Reserven mobilisiert und den Gewinnen zugerechnet werden müssen. Wird er billiger verkauft, als er gekauft wurde, so findet ein Wertverlust statt, der als Abschreibung in den Jahresabschluss des Jahres eingeht, in dem der Verkaufsvorgang realisiert wurde.

Im Sinne der ausgeführten Thematik treten hier folgende Probleme auf:

1) Der Wertverlust durch fachlich landwirtschaftlich schlechtes Wirtschaften findet auch statt, wenn kein Verkauf über einen Markt vollzogen wird. Hier sollten jährlich Wertberichtigungen eingeführt werden, sofern keine Maßnahmen zur Werterhaltung ergriffen werden.

2) Bei einem Veräußerungsvorgang von landwirtschaftlichen Grundstücken wird der Bodenzustand im Sinne seiner Fruchtbarkeit nicht veranschlagt. Dabei spielen eher andere Faktoren, wie etwa die Befahrbarkeit von Grundstücken oder deren Größe, eine Rolle. Dies ist mehrfach unsachgemäß, denn auch beim Boden erzeugen Erhaltungsmaßnahmen Aufwendungen für den Betrieb, die den Wert des Ackers real beeinflussen.

3) Der Schaden oder Gewinn, der am Boden bzw. an der Bodenfruchtbarkeit entsteht, ist in der bisherigen kapitalwirtschaftlichen Handhabung ausschließlich ein einzelunternehmerisches Problem, das heißt, der Schaden oder der Gewinn entsteht dem Eigentümer. Es ist aber

durchaus auch rechtmäßig, dass der Boden bzw. die Bodenfruchtbarkeit ein Gemeingut darstellen und der Schaden oder der Gewinn der Allgemeinheit zukommen.

Die häufig verwendete Aussage »man kann nicht alles in Geld ausdrücken« ist in dem in diesem Buch erläuterten Zusammenhang nichts als ein unseriöses Argument. Natürlich kann nicht alles, was das Leben und das Sein betrifft, in Geldwerten ausgedrückt werden, aber es geht auch nicht darum, alles in Geld zu bewerten, sondern darum, anders und richtig zu berechnen, was in den ökonomischen Prozess involviert ist. Werden von Unternehmen Leistungen für die Gesellschaft erbracht, müssen sie honoriert werden, werden sie nicht erbracht, entstehen die Kosten außerhalb der Unternehmen und müssen auch irgendwie wieder bezahlt werden.

Verknüpfung von nachhaltigem Wirtschaften und betrieblicher Rechnung

Die vorigen Ausführungen sollen belegen, dass die derzeitig praktizierte betriebswirtschaftliche Rechnung und Unternehmensbilanzierung zugunsten einer nachhaltenden Gesamtökonomie überarbeitet werden müssen. Die bisher ungelöste Frage ist, wie die umfassenden ökonomischen Vorgänge in die Finanzbuchhaltung und in der Folge in die Bilanz eingehen können. Aus den bisherigen Erläuterungen soll deutlich geworden sein, dass es vier Grundbedingungen für die erfolgreiche Internalisierung externer Effekte bedarf:

1) die prinzipielle Anerkennung sozialer und ökologischer Leistungsparameter als betriebswirtschaftliche Faktoren,

2) die Erweiterung des Erfassungsinstrumentariums der Buchhaltung für soziale und ökologische Erträge und Kosten,

3) das Vornehmen monetärer Wertsetzungen für bestimmte Leistungen,

4) die Berücksichtigung der sozial-ökologischen Inwertsetzungen in der Bilanz.

Sind diese Bedingungen gegeben, so muss die Übertragung der Werte in die betriebliche Rechnung erfolgen. Dazu gibt es folgende praktische Möglichkeiten:

Markt und Preise

Die üblichste und einfachste Methode, die sozial-ökologischen Leistungen in die normale Rechnungslegung einzubringen, ist die ihrer Vermarktung. Dies geschieht entweder direkt als rechnungspflichtige Dienstleistung oder indirekt als Kuppelleistung als Aufpreis auf die Produkte, die am Markt gehandelt werden. Die erzielten finanziellen Einnahmen werden wie gewohnt in der Finanzbuchhaltung als Einnahmen verbucht und bilden sich auf der Ertragsseite ab. Die Vergütung ökologischer Leistungen über den Produktpreis hat der ökologische Landbau über viele Jahre praktiziert. Denn der oftmals höhere Preis für Bioprodukte beinhaltete die Abgeltung für die zusätzlichen sozialen und ökologischen Leistungen der Betriebe, sie wurden betriebsintern kalkuliert und damit internalisiert. Erst mit der Konventionalisierung des Ökolandbaus ab etwa Mitte der 1990er-Jahre wurde es für die Betriebe schwieriger, die zusätzlichen Leistungen, die sie durch das nachhaltige Wirtschaften für die Natur erbringen, über die Preise noch honoriert zu bekommen. Denn auch innerhalb des Ökolandbaus setzt mittlerweile die billigere und nicht unbedingt die qualitativ bessere Produktion die Preismaßstäbe. Somit hat sich der Biolandbau der Externalisierung verschrieben und orientiert sich an den Regeln der konventionellen, industrieentlehnten Betriebswirtschaft. Interessant ist die Feststellung, dass die Einführung der doppelten Buchhaltung in den meisten Betrieben und der Beginn der Konventionalisierung des Ökolandbaus zeitlich etwa zusammenfallen.

Das größte Problem bei der Handhabung, die sozialen und ökologischen Leistungen über den Marktmechanismus abzugelten, ist, dass der Markt hier seinen Dienst versagt, weil viele Leistungen der Betriebe am Markt nicht objektiv gehandelt werden und somit gar nicht in die Buchhaltung und betriebswirtschaftliche Rechnung eingehen können. Bei der Kuppelproduktion ist dem Konsumenten außerdem nicht offensichtlich, welche Leistungen hinter dem Preis stehen. Und was nicht sichtbar ist, wird langfristig nicht bezahlt werden. Bisher fehlt ein konkreter

Nachweis am Produkt, ob die soziale und ökologische Leistung vom Produktionsbetrieb überhaupt erbracht oder das zusätzlich für die Kuppelleistung über die Produktpreise eingenommene Geld nicht für andere Zwecke verwendet wurde.

Ein weiteres Problem der Kuppelleistung ist, dass bei dieser Vorgehensweise der Konsument den höheren Preis bezahlt, der die Leistungen haben will. Der Konsument, dem die sozial-ökologischen Leistungen egal sind, greift nach den billigeren Produkten, nutzt die Gemeingüter aber genauso. Das ergibt eine Schieflage innerhalb der Gesellschaft, die langfristig ungerecht und nicht praktikabel ist.

Der Markt und die Preise sind dann erst ein gerechtes Mittel der Abgeltung sozial-ökologischer Leistungen, wenn die Kalkulation auf der Bilanzierung dieser Leistungen bzw. Risiken aufsetzt und jeder Betrieb die Preise demensprechend ansetzen muss.

Ausgleichszahlungen des Staates

Die weitverbreitetste Art der Abgeltung externer und damit oft öffentlicher Leistungen der Landwirtschaft sind die Ausgleichszahlungen des Staates bzw. der EU direkt an die Betriebe. Sie werden für definierte ökologische Leistungen jährlich in Geld entlohnt und aus Steuermitteln aufgebracht. Der Betrieb kann sie als Einnahmen verbuchen. Das Problem dabei ist, dass die Bewertungen und Zahlungen sehr pauschal veranlagt sind und für jeden Betrieb in ganz Europa gleichermaßen gelten. Einzelleistungen werden kaum berücksichtigt, da ein starres System vorliegt und für die Überprüfung der Leistungserbringung eine unglaubliche Kontrollmaschinerie erforderlich ist.

Diese Praxis bringt mit sich, dass viele Steuergelder für die Leistungsabgeltung aufgebracht werden müssen. Theoretisch ist diese Variante aus Sicht des Konsumenten zwar die gerechteste Methode, weil die Allgemeinheit für die Leistungen aufkommt, von denen alle profitieren, sie ist aber zu abhängig von der Politik und der öffentlichen Verwaltung und wird dadurch zu abstrakt. Diese Regelung ähnelt sehr der sozialistischen

Planwirtschaft, die sich bekanntermaßen nicht bewährt hat, weil sie zu unkreativ und zu schwerfällig ist. Der Staatsapparat, der die Leistungsvergütung regelt, verschlingt hohe Summen an Geldern alleine für die Verwaltung, und es besteht bei dieser Variante die Gefahr, dass zu viel Geld für die Verwaltung und Kontrolle verloren geht und zu wenig Geld in die echte soziale und ökologische Leistung fließt.

Risikohaftung

Eine weitere Möglichkeit der Internalisierung externer Effekte wäre die Einführung von Haftungsregelungen für die Schädigung der Umwelt, den Verbrauch von natürlichen Ressourcen und die damit verbundenen Risiken. Jedes Unternehmen sollte für sein ökonomisches Handeln haften müssen. Dem kurzfristigen betrieblichen und privaten Gewinn muss der Gegenwert des Schadens an den Gemeingütern und ihrer Reparatur gegenüberstehen. Jeder Unternehmer, der Schäden an der natürlichen Grundlage und der Gesellschaft verursacht, muss dafür bezahlen oder zumindest Rücklagen bilden, sodass zukünftige Generationen sie noch zur Verfügung haben und darauf zurückgreifen können. Durch dieses Vorgehen würden entweder weniger Schäden entstehen, weil es sich finanziell nicht mehr lohnt, ressourcenraubend zu produzieren, oder es würden Geldrücklagen entstehen, auf die zurückgegriffen werden kann, um die Schäden zu reparieren. Im Fall des Anbaus von gentechnisch veränderten Pflanzen ist die Regel bereits eingeführt. Ein Landwirt, der diese Sorten anbaut, muss dafür haften, falls es Auskreuzungen in Pflanzen auf anderen Feldern gibt und dadurch ein Kollege, der nicht gentechnisch anbaut, seine Erzeugnisse nicht mehr verkaufen kann.

Die Risikohaftung für nicht nachhaltendes Wirtschaften würde zu der praktischen Konsequenz führen, dass der Betrieb, der nachweislich Leistungen für die soziale und ökologische Zukunftsfähigkeit erbringt, im Verhältnis zu dem Betrieb, der nicht nachhaltend wirtschaftet, höhere finanzielle und wiederverwendbare Gewinne erzielt, da er keine Rücklagen oder Rückstellungen bilden muss.

Versicherungen

Würde die Haftungsregel für soziale und ökologische Schäden und Verluste eingeführt, würden sicherlich Versicherungsunternehmen ein Geschäftsfeld entdecken und Versicherungsprodukte anbieten. Diese müssen dann Prämien errechnen und veranschlagen, die wiederum in die Kosten der Betriebe einfließen und damit bilanztechnisch relevant werden. Der Vorteil dieser Variante besteht darin, dass Versicherungen ihrerseits gezwungen wären, Schadenspotenziale zu kalkulieren und somit Werte zu berechnen. Die Absicht der Münchner Rück, des weltgrößten Rückversicherungsunternehmens, ihre Prämien im Hinblick auf zukünftig steigende Schäden durch Naturkatastrophen zu kalkulieren und anzuheben, löste einen Sturm der Entrüstung aus, weil man dem unterstellte, dass es mit Naturkatastrophen Geschäfte machen wolle.

Interessanterweise gibt es keine Versicherung für die Schadenshaftung beim Einsatz gentechnischer Sorten in der Landwirtschaft. Die Begründung dafür ist einfach: Die Versicherungen können den Schaden, der möglicherweise eintritt, nicht kalkulieren.

Zuschreibungen und Abschreibungen auf Natur und Gesellschaft

Eine attraktive und sicherlich sachgerechte Möglichkeit sind Wertberichtigungen in der Bilanz. Das Mittel dazu sind Abschreibungen und Zuschreibungen, also Abschreibungen bei nicht nachhaltendem Wirtschaften oder Zuschreibungen bei Wertzuwächsen bei nachhaltendem Wirtschaften. Kann ein Unternehmer nachweisen, dass er Aufwand für soziale und ökologische Leistungen betrieben hat, sollte er ihn in Form von Zuschreibungen bilanzieren dürfen. Entgegengesetzt muss ein Unternehmer nicht nachhaltendes Wirtschaften als Wertverlust, also als Abschreibung anführen. Denkbar wäre, dass die Nutzung von Naturkapital, wie zum Beispiel Bodenfruchtbarkeit, kategorisch jedes Jahr einen Wertverlust von fünf Prozent per Abschreibung vorschreibt. Genauso kann bei

Biodiversität, Ausbildung, regionaler Infrastruktur und Energieverbrauch aus nicht erneuerbaren Quellen verfahren werden. In der Konsequenz dieser Regel würden Betriebe, die keine Aufbaumaßnahmen ergreifen, jährlich weniger wert werden. Als Ausgleich für die Entwertung könnte der finanzielle Aufwand für Nachhaltigkeitsmaßnahmen gegenüber gebucht werden. Der Kaufpreis bei einem eventuellen Verkauf bleibt davon unberührt. Kann der Boden noch gut verkauft werden, obwohl er buchhalterisch aufgrund schlechter Bewirtschaftung nichts mehr wert ist, fällt steuerpflichtiger Gewinn an.

Handel mit Zertifikaten

So wie für CO_2-Emissionen bereits Zertifizierungen existieren, könnte dies auch für andere Bereiche vorgenommen werden. Wer die Umwelt schädigt, muss Zertifikate kaufen, wer pro Umwelt arbeitet, kann Zertifikate verkaufen und hat dadurch reale geldwerte Einnahmen. Die Variante hätte den Vorteil, dass sie sehr variabel gehandhabt werden kann. Es können auch außerlandwirtschaftliche Bereiche mit einbezogen werden. Ausgleichszahlungen für Baugebiete und Straßen könnten für Leistungen der Landwirtschaft zur Biodiversität oder allgemeinen Leistungen an den Gemeingütern verwendet werden. Die Voraussetzung dazu sind Werteinheiten für die Leistungen und eine gute Kontrollmethodik. Der Aufwand dafür wird wahrscheinlich sehr hoch und die Möglichkeiten des Betrugs werden vielfältig sein.

Steuern

Nicht zuletzt ist die Besteuerung ein Mittel zur Bewertung und Vergütung. Wenn der Nachweis für nachhaltendes Wirtschaften von den Betrieben erbracht wird, so könnten in der Umsatz-, Einkommen- oder Körperschaftssteuer unterschiedliche Besteuerungssätze für einen Ausgleich sorgen und so von staatlicher Seite aus Anreize für nachhaltiges Wirtschaften geschaffen werden. Zum Beispiel wäre es sinnvoll, für Transportentfernungen bei Nahrungsmitteln unterschiedliche Umsatzsteuersätze anzusetzen. Je weiter transportiert wird, desto höher die Umsatzsteuer. Das würde die regionale Erzeugung und Vermarktung enorm aufwerten und es würden in der Folge wieder überschaubare Regionalstrukturen entstehen, da sie sich finanziell wieder lohnen würden.

Die Leistungen an den natürlichen Ressourcen und an der Gesellschaft könnten mit unterschiedlich hohen Freibeträgen bei der Steuerfestsetzung abgegolten werden. Die Voraussetzung für diese Herangehensweise wäre eine differenzierte Buchhaltung, wie sie in diesem Buch vorgeschlagen wird. Wenn sie im Hinblick auf einige soziale und ökologische Parameter ausgestaltet ist und der Betrieb nach diesen Konten seine Erträge und Aufwendungen buchen müsste, wäre die Grundlage für die Beurteilung gegeben.

Ausgleichsfonds auf regionaler Ebene

Denkbar wären regional organisierte Ausgleichsfonds, in die ein Schadensverursacher einbezahlen muss und aus denen ein Unternehmen, welches nachweislich Leistungen zur Nachhaltigkeit bringt, Geld erhält. Ein ähnliches Vorgehen wird bei Flächenverbrauch für öffentliche und private Baumaßnahmen bereits praktiziert. Baut ein öffentlicher Träger Straßen oder Bau- und Gewerbegebiete auf bisher unbebautem Gebiet, so muss er Gegenleistungen an den Naturschutz leisten. Diese Ausgleichsgelder könnten für ökologische Leistungen landwirtschaftlicher Betriebe innerhalb des normalen Wirtschaftens ausgegeben werden. Voraussetzung ist auch hier ein Leistungsnachweis aus der Buchhaltung des Betriebes.

Ordnungspolitische Maßnahmen

Das jüngste Beispiel ordnungspolitischer Maßnahmen, die auf eine Internalisierung externer Effekte hinzielen, ist die Einführung des Mindestlohns. Die Beschäftigungspraxis in der Landwirtschaft mit den vielen schlecht bezahlten Saisonarbeitskräften hatte eine vermögensverzehrende Wirkung auf Kapitalien wie etwa die landwirtschaftliche Qualifikation. Unter dem Wettbewerbsdruck konnten immer weniger fachlich qualifizierte Arbeitskräfte bezahlt werden. Es fand ein Raubbau an Fähigkeitenkapital im ländlichen Raum statt.

Nach Einführung des Mindestlohns werden entweder wieder mehr Fachkräfte eingestellt oder diejenigen Betriebe, die Fachleute anstellen wollen, haben wieder bessere Wettbewerbsbedingungen.

Ein Nachteil von ordnungspolitischen Maßnahmen ist die starre Auslegung des Faktors. Ein Betrieb, der mehr leistet, als die ordnungspolitische Maßnahme es verlangt, hat keine Möglichkeit, es sichtbar und geltend zu machen.

Alle diese aufgeführten Methoden brauchen eine operationelle und instrumentelle Grundlage, um die Vorgänge, Leistungen, Gewinne, Verluste und Maßnahmen sichtbar und handhabbar zu machen. Dazu werden Indikatoren verwendet. Schon die Auswahl der Indikatoren, das heißt Faktoren, die man genauer berücksichtigen will, ist ein Schritt zu mehr Bewusstsein im Wirtschaftsprozess. Bevor ein Indikator gefunden ist, muss eine Frage an das Unternehmen und das Unternehmensgeschehen gestellt werden.

Indikatoren einer Gesamtrechnung

Als Voraussetzung, dass überhaupt Wertsetzungen vorgenommen werden können, muss sichtbar sein, über welche Leistungen, Leistungsbereiche und Faktoren des Wirtschaftens überhaupt gesprochen und verhandelt wird. Für die Landwirtschaft gilt, dass die Bauern sich des Wertes ihrer Arbeit selbst bewusst werden müssen. Zu vieles wird einfach noch so nebenbei mitgeleistet oder eben nicht mehr.

Für die Landwirtschaft wurde der praktische Versuch unternommen, den eingeschränkten Blick der heutigen Betriebswirtschaft aufzuheben und Indikatoren zu entwickeln, die den bisher von der aktuellen Bilanzierung unterbelichteten Raum ausleuchten sollen. Die Indikatoren beziehen sich auf die Faktoren, die für die Wertentwicklung eines landwirtschaftlichen Betriebs ausschlaggebend sind, aber in der betriebswirtschaftlichen Rechnung noch gar nicht vorkommen oder wenn, dann nur auf der Kostenseite. Sie sind den Bereichen Naturgrundlage, Soziales und Regionalwirtschaft entnommen.

Was sind Indikatoren?

Indikatoren dienen der Abbildung komplexer Sachverhalte sowie deren Interdependenzen. Sie werden im Allgemeinen als »Auskunftsinstanz« bezeichnet und stellen ein zentrales Element der Evaluation dar. Mit definierten Nachhaltigkeitsindikatoren wird eine Abbildung des Istzustandes und der Trendentwicklung über die Umsetzung einer sozialen, ökologischen und regionalen Wertentwicklung vorgenommen

Für die Landwirtschaft sind es spezifische Indikatoren, die sich teilweise mit denen für andere Branchen überschneiden können, aber nicht müssen. Die möglichen Indikatoren im Einzelnen sind:

Soziale Indikatoren

Indikator: Beschäftigtenstruktur

- Anzahl der Unternehmer
- Anzahl der Beschäftigten insgesamt (Anteil Frauen/Männer)
- Anteil von gelernten Fachkräften versus ungelernten Arbeitskräften
- Anteil von Auszubildenden/Praktikanten/Minijobbern
- Anteil von sozial schwächeren Menschen (zum Beispiel Menschen mit Behinderung, psychischen Krankheiten)
- Anteil von Saisonarbeitskräften (Erntehelfer)

Indikator: Qualität der Arbeitsplätze

- Art und Zahl der Partizipations- und Mitbestimmungsmöglichkeiten der Beschäftigten
- Maßnahmen zur Abfrage der Zufriedenheit der Beschäftigten
- Zahl der Einsatzbereiche und Tätigkeiten für die Mitarbeiter
- Möglichkeiten für die Mitarbeiter, in größere Produktionszusammenhänge einblicken zu können

Indikator: Entlohnung

- Entlohnung für Unternehmer
- Entlohnung für Mitarbeiter

Ökologische Indikatoren

Indikator: Bodenfruchtbarkeit

▷ Humusentwicklung
▷ Stickstoffbilanz – Verhältnis von betriebsinternem und eingeführtem Stickstoff
▷ Herkunft des eingeführten Stickstoffes – Transportweg und Herstellungsart des eingeführten Stickstoffes
▷ Fruchtfolgewechsel (Häufigkeit der Fruchtfolge in Jahren)

Indikator: Biodiversität

▷ Anteil der bewirtschafteten Fläche mit samenfesten Sorten beim Pflanzenanbau versus Anteil der bewirtschafteten Fläche mit Hybridsorten (für Gartenbau- und Ackerbaubetriebe)
▷ in der Tierzüchtung angewendete Reproduktionsmethode (für Milchwirtschaft- und Tierzuchtbetriebe)
▷ Anteil der durch Natursprung gezüchteten Tiere
▷ Anteil der durch künstliche Besamung gezüchteten Tiere
▷ Anteil der durch Embryotransfer gezüchteten Tiere
▷ Lebensleistung beim Milchvieh – gemessen in Zahl der Kälber
▷ Anzahl der im Gemüsebau angebauten unterschiedlichen Kulturen
▷ durchschnittliche Schlaggröße im Ackerbau (Größe der Felderparzellen)
▷ Maßnahmen, die der Erhaltung der Artenvielfalt und der Kulturlandschaft dienen (zum Beispiel angepasste Nutzung von Grenzertragsflächen, Anpflanzen von Hecken etc.)

Indikator: Ressourcenverbrauch

- Stromverbrauch in Bezug auf Produktionsmenge oder Fläche
- Anteil des zertifizierten Stromes aus erneuerbaren Energien im Vergleich zu Strom aus nicht erneuerbaren Energien
- Wasserverbrauch in Bezug auf Produktionsmenge oder Fläche
- Gasverbrauch in Bezug auf Produktionsmenge oder Fläche
- Anteil des Gasverbrauchs aus erneuerbaren Quellen
- Treibstoffverbrauch in Bezug auf Produktionsmenge oder Fläche
- Anteil des Treibstoffes aus erneuerbaren Quellen

Regionalwirtschaftliche Indikatoren

Indikator: Wertschöpfung in der Region

- Anteil des Beschaffungsvolumens von Zulieferern, die aus der Region stammen
- Anteil des Absatzvolumens durch Direktvermarktung versus Anteil aus der Vermarktung an Großhändler
- Anteil des Beschaffungsvolumens aus anderen Betrieben der Region
- Anteil des Absatzvolumens an andere Betriebe der Region

Die hier aufgeführten Indikatoren sind lediglich Vorschläge, sie können und müssen überprüft und ergänzt werden.

Aber hat man einmal den gedanklichen Schritt gemacht und ein Interesse an dieser Blickrichtung gewonnen, so fällt es einem leicht, die entscheidenden Fragen zu stellen. Der erste Schritt dazu, den man als Unternehmer machen muss, ist zu akzeptieren, dass es eine Wirklichkeit hinter der gewöhnlich verwendeten Abstraktion der Bilanz eines Unternehmens gibt und dass diese Wirklichkeit ökonomischer Natur ist.

Die erweiterte Buchhaltung

Sind die Faktoren der Wirtschaftsprozesse, die man neu ins Bewusstsein rücken und bewerten will, als Indikatoren definiert, so muss ihre Übertragung in die Systematik der Finanzbuchhaltung beginnen. Die Erweiterung kann in drei Stufen vorgenommen werden.

Jedes Unternehmen bzw. jede Branche arbeitet mit einem spezifischen Kontenplan, der aus einem allgemeinen Kontenrahmen heraus abgeleitet wird. Die in den Finanzbuchhaltungssystemen anerkannten und klassisch verwendeten Kontenrahmen umfassen bis zu mehrere Tausend Kontiermöglichkeiten. In der Regel umfasst der Kontenplan für landwirtschaftliche Betriebe etwa zwischen 150 und 250 Konten. Die Möglichkeiten zur Erweiterung sind also strukturell gegeben. Nun gilt es, den Kontenplan so zu gestalten, dass die Buchhaltung entsprechend der auf soziale und ökologische Indikatoren erweiterten Fragestellung an das Unternehmen buchen kann.

Die Anzahl der Konten, die verwendet werden, spielt keine Rolle, entscheidend ist, dass der Kontenplan so aufgebaut wird, dass die Betriebsrealität abgebildet wird und die Daten sachgerecht in die Abstraktionsebene, also die Finanzbuchhaltung, aufgenommen werden können. Fehlen Konten zu wichtigen betrieblichen Realprozessen, so werden diese auch nicht in den Informationspool der Abstraktionsebene aufgenommen und in der Folge bilanztechnisch nicht verarbeitet. Deshalb ist die Anpassung des Kontenplans, das heißt die Umbenennung von

Konten und die Aufnahme neuer Konten, der erste Schritt zur Erweiterung der Buchhaltung im Hinblick auf Nachhaltigkeit. Darauf können alle weiteren Schritte aufgebaut werden.

Stufe 1 – Differenzierung bestehender Konten

Die erste Stufe ist relativ einfach zu realisieren. Durch eine Differenzierung des Kontenplanes der betrieblichen Finanzbuchhaltung werden sozial und ökologisch relevante Vorgänge, die bisher schon buchhalterisch erfasst werden, separat gebucht und dadurch sichtbar. Was zuvor in ein Buchungskonto floss, wird nun auf mehrere Konten aufgeteilt. Ist ein Faktum erst einmal in der Sichtbarkeit, dann kann es auch bearbeitet werden.

Exemplarisch seien hier die Beschäftigtenstruktur anhand der Personalkosten, die Herkunft der eingesetzten Energie und die Entfernung der verkauften Waren aufgeführt. Die Auswertung der im erweiterten Kontenplan erhobenen Daten bezieht sich auf den geldwerten Ertrag und die entstandenen Kosten und mündet zunächst in einer einfachen betriebswirtschaftlichen Auswertung im Hinblick auf die nachhaltende Unternehmensführung, ich nenne sie die nachhaltige Erfolgsrechnung in Anlehnung an die viel verwendete kurzfristige Erfolgsrechnung.

Diese Analyse zeigt, wie das Unternehmen in Bezug auf die Faktoren wirtschaftet, die die Nachhaltigkeit beeinflussen, und ob das Wirtschaften im vergangenen Zeitraum zulasten oder zugunsten von sozialer und ökologischer Nachhaltigkeit ging. Das heißt beispielsweise, ob die zugekaufte Energie aus regenerativen oder aus fossilen Quellen stammt, ob die Personalkosten für angemessen bezahlte Facharbeitskräfte oder schlecht bezahlte Saisonarbeiter entstanden sind oder wie viel Aufwand tatsächlich für Bodenaufbaumaßnahmen betrieben wurde. Abgeleitet bedeutet dies, dass ersichtlich wird, was ein Betrieb an Grundsätzen sozial-ökologischen Handelns praktisch umsetzt oder nicht. Erstellen alle oder mehrere landwirtschaftliche Betriebe diese Nachhaltigkeitsauswertung, können Vergleiche zeigen, wer im Ganzen gesehen die qualitativ bessere Betriebsführung hat. Die bisherigen Geschäftsergebnisse werden relativiert und der Wettbewerb erhält dadurch eine neue Dimension.

Indikator Beschäftigtenstruktur

Die Beschäftigtenstruktur eines landwirtschaftlichen Unternehmens hat maßgeblichen Einfluss auf seine Nachhaltigkeit. Ein Betrieb, der Fachkräfte ausbildet und auch beschäftigt, arbeitet nachhaltiger als einer, der wenig oder gar keine Fachqualifikation in Anspruch nimmt, sondern nur mit ungelernten Saisonarbeitskräften arbeitet. Langfristig wird diese Praxis nicht funktionieren, kurzfristig kann er mit niedrigeren Lohnkosten rechnen. Gewöhnlich werden die Personalkosten über alle Qualifikationen summarisch gebucht, weil den Unternehmer vor allem die Personalkosten im Verhältnis zum Umsatz interessieren.

Beispiel 1 – Personalkosten

Kontenklasse 6: Betriebliche Aufwendungen – Personalkosten ▷ *alte* Buchhaltung	
6700	Löhne

Kontenklasse 6: Betriebliche Aufwendungen – Personalkosten ▷ *neue* Buchhaltung	
6701	Löhne Betriebsleiter
6702	Löhne Meister
6703	Löhne Gehilfen
6704	Löhne Auszubildende
6705	Löhne Ungelernte
6706	Löhne Saisonarbeitskräfte

Werden nun die Konten in eine speziell auf Nachhaltigkeitsanalysen hin erstellte Auswertungsmatrix abgeleitet, würden die Betriebe vergleichbar werden und die qualitativen Unterschiede der Beschäftigtenstruktur deutlich.

Anhand von zwei verschiedenen und doch vergleichbaren Betrieben können die Aussagen anschaulich werden.

Gebuchte betriebliche Aufwendungen für Mitarbeiter im *Betrieb A*			
Personalkosten nach Qualifikation			**Quote pro h**
Betriebsleiter	28.000,00	22,64 %	13,57 €
Meister	0,00	0,00 %	0,00 €
Gehilfen	54.890,00	44,37 %	13,30 €
Auszubildende	13.408,00	10,84 %	3,25 €
Ungelernte	23.098,00	18,67 %	7,46 €
Saisonarbeitskräfte	4.302,00	3,48 %	4,17 €
Summe	**123.698,00**	**100,00 %**	

Gebuchte betriebliche Aufwendungen für Mitarbeiter im *Betrieb B*			
Personalkosten nach Qualifikation			**Quote pro h**
Betriebsleiter	28.000,00	22,71 %	13,49 €
Meister	0,00	0,00 %	0,00 €
Gehilfen	24.890,00	20,19 %	12,06 €
Auszubildende	0,00	0,00 %	0,00 €
Ungelernte	23.098,00	18,73 %	5,60 €
Saisonarbeitskräfte	47.302,00	38,37 %	4,58 €
Summe	123.290,00	100,00 %	

Aus den beiden Tabellen der betriebswirtschaftlichen Auswertung (BWA) von zwei verschiedenen Betrieben gleicher Ausrichtung (vergleichbarer Kennzahlenbetriebe) ergibt sich eine qualitativ unterschiedliche Beschäftigtenstruktur in Prozent (Prozent von Gesamtkosten) bei gleich hohen Ausgaben für Personalkosten. Betrieb A legt größeren Wert auf qualifizierte Fachkräfte im Betrieb, Betrieb B mehr auf unqualifizierte Saisonarbeitskräfte. Dazu kommt, dass Betrieb B circa 3.100 Arbeitskraftstunden (20 Prozent) pro Jahr mehr zur Verfügung hat als Betrieb A und damit eine andere Produktpreiskalkulation machen kann.

Geht man davon aus, dass die Beschäftigung von Facharbeitskräften mit ihrer Qualifikation die nachhaltigere Betriebsentwicklungsstrategie ist, kann aus der BWA abgeleitet werden, dass Betrieb B weniger nachhaltig wirtschaftet als Betrieb A, Betrieb B aber am Markt bisher die besseren Chancen hat, weil er anders kalkulieren und günstiger anbieten kann, die besseren Chancen aber auf dem Abbau von Zukunftsressourcen basieren.

Beispiel 2 – Transport

Der Transport von Nahrungsmitteln über weite Strecken hat Vorteile, jedoch auch eine Reihe von Nachteilen. Der Vorteil ergibt sich in der Hauptsache dann, wenn zwischen Regionen Mengen ausgeglichen werden müssen oder wenn bestimmte Produkte in einer Region nicht hergestellt werden können.

Nach der bisherigen Rechnungslogik wird aber nicht nach vernünftigen Kriterien unterschieden, sondern nur nach einer falschen betriebswirtschaftlichen Rechnung. Diese rechnet vor, dass es günstiger ist, große Mengen über weite Strecken zu transportieren als kleine Mengen über kurze Strecken, weil sich die Kosten auf den Stückpreis umlegen lassen und sich bei großen Mengen pro Stück reduzieren. Nicht hinzugerechnet werden aber der durch diese Rechnung entstehende Schaden an der kleinräumigen Landwirtschaft und die Belastung des überregionalen Verkehrsaufkommens, die Kosten für den Straßenbau sowie die Schäden durch den Klimawandel.

Um diese Entwicklung umzukehren, muss eine Rechnungslogik gefunden werden, die die regionale Erzeugung und ihren lokalen Absatz und damit kurze Transportwege fördert. Durch eine differenzierte Buchung nach Transportentfernung könnte erstmals sichtbar werden, wie weit und in welchem Umkreis ein Betrieb seine Erzeugnisse absetzt. Die erhobenen Daten bilden die Grundlage für die Maßnahmen, die die lokale Vermarktung der überregionalen gleichstellen.

Kontenklasse 4: Betriebliche Erträge ▷ *alte* Buchhaltung	
4300	Erlöse aus Verkauf von Erzeugnissen

Kontenklasse 4: Betriebliche Erträge ▷ *neue* Buchhaltung	
4301	Erlöse an Kunden <50 km
4302	Erlöse an Kunden >50 km
4303	Erlöse an Kunden >100 km
4304	Erlöse an Kunden >1000 km

Im Vergleich zweier unterschiedlich agierender Betriebe könnte eine Auswertung wie folgt aussehen:

Erlöse aus Verkauf nach Transportkilometer – *Betrieb A*			
4301	<50 km	361.017,00	96,84 %
4302	50–100 km	5.437,00	1,46 %
4303	100–1000 km	6.342,00	1,70 %
4304	>1000 km	0,00	0,00 %
Summe Erlöse		372.796,00	100,00 %

Erlöse aus Verkauf nach Transportkilometer – ***Betrieb B***			
4301	<50 km	61.017,00	16,37 %
4302	50–100 km	135.437,00	36,33 %
4303	100 – 1000 km	116.342,00	31,21 %
4304	>1000 km	60.000,00	16,09 %
Summe Erlöse		372.796,00	100,00 %

Hinter diesen unterschiedlichen Prozentzahlen verbirgt sich eine Vielzahl von externen Kosten oder auch Nutzen.

Betrieb A vermarktet nachweislich die meisten seiner Produkte innerhalb von 50 Kilometern um seinen Produktionsstandort, Betrieb B dagegen nur 16,37 Prozent. Die meisten werden zwischen 100 und 1.000 Kilometer weit transportiert.

Auf der Basis dieser in der Finanzbuchhaltung erfassten Zahlen kann eine Internalisierung der externen Kosten stattfinden. Je weiter, desto mehr externe Kosten entstehen an der Umwelt.

Beispiel 3 – Energieherkunft

Jedes Unternehmen hat Kosten für die Energiebeschaffung. Die Buchhaltung sieht normalerweise aber keinen qualitativen Unterschied in der Herkunft der Energie.

Unabhängig davon, ob sie aus erneuerbaren oder nicht erneuerbaren Quellen stammen, werden sie vereinheitlicht gebucht. Die Einführung von neuen Konten zur differenzierten Buchung nach Energiequalitäten würde hier Klarheit bringen.

Kontenklasse 4: Betriebliche Aufwendungen ▷ *alte* Buchhaltung	
4300	Aufwendungen für Energie

Kontenklasse 4: Betriebliche Aufwendungen ▷ *neue* Buchhaltung	
4301	Aufwendungen für Energie aus **nicht erneuerbaren** Quellen
4302	Aufwendungen für Energie aus **erneuerbaren** Quellen

Aufwendungen für Energie – *Betrieb A*			
4301	Aufwendungen für Energie aus **nicht erneuerbaren** Quellen	35.015,65 €	73,26 %
4302	Aufwendungen für Energie aus **erneuerbaren** Quellen	12.783,21 €	26,74 %
Summe Aufwendungen für Energie		47.798,86 €	100,00 %

Aufwendungen für Energie – *Betrieb B*			
4301	Aufwendungen für Energie aus **nicht erneuerbaren** Quellen	42.135,63 €	88,15 %
4302	Aufwendungen für Energie aus **erneuerbaren** Quellen	5.663,23 €	11,85 %
Summe Aufwendungen für Energie		47.798,86 €	100,00 %

Unabhängig vom Preis pro Einheit Energie zeigt sich hier ein Gefälle im unternehmerischen Bemühen die Energiebeschaffung auf nachhaltige Herkunft auszurichten.

Beispiel 4 – Agrobiodiversität

Es ist erwiesen, dass die Verwendung von Hybridsaatgut zu einer Reduzierung des Sortenspektrums von Kulturpflanzen in der Landwirtschaft führt. Daraus folgen in der Hauptsache zwei Risiken, die sich in der betrieblichen Bilanz eines landwirtschaftlichen Betriebes widerspiegeln müssen: A) das Risiko der generellen Verfügbarkeit von Saatgut und B) die Verarmung der genetischen Ressource durch eine zu enge genetische Variabilität mit ihren Folgen für die Reproduktionskraft der Kulturpflanzensorten.

In erster Linie sind es zwar betriebliche Risiken, da sie aber für viele landwirtschaftliche Betriebe auftreten, können sie als Klumpenrisiko bezeichnet werden und sind letztendlich Risiken für die Versorgungssicherheit der Menschen. Im Gegensatz zu Hybridsorten können sogenannte offenblühende oder samenfeste Sorten vom Landwirt selbst reproduziert werden, das heißt, der Bauer kann von seiner eigenen Ernte wieder Saatgut entnehmen.

Die Verwendung von hofeigenem Saatgut ist aufwendig und führt in der Regel zu geringeren Erträgen, erhöht aber die genetische Variabilität im Ganzen und die Sicherung des Zugangs zu genetischer Ressource von Nahrungspflanzen. Deshalb ist die Differenzierung der Saatgutherkunft bzw. der hinter einer Sorte stehenden Züchtungsmethode ausschlaggebend für die Vermögensbildung in einem Betrieb.

Kontenklasse 4: **Betriebliche Aufwendungen – Saatgut und Pflanzmaterial ▷ *alte* Buchhaltung**	
4500	Aufwendungen für Saatgut und Pflanzmaterial

Kontenklasse 4: Betriebliche Aufwendungen – Saatgut und Pflanzmaterial ▷ *neue* Buchhaltung	
4501	Aufwendungen für Saatgut aus Hybridsorten
4502	Aufwendungen für Saatgut aus samenfesten Sorten
4503	Aufwendungen für Jungpflanzen aus Hybridsorten
4504	Aufwendungen für Jungpflanzen aus samenfesten Sorten

Betriebliche Aufwendungen – Saatgut und Pflanzmaterial – *Betrieb A*			
4501	Aufwendungen für Saatgut aus Hybridsorten	1.098,34 €	3,58 %
4502	Aufwendungen für Saatgut aus samenfesten Sorten	13.231,98 €	43,09 %
4503	Aufwendungen für Jungpflanzen aus Hybridsorten	3.987,45 €	12,98 %
4504	Aufwendungen für Jungpflanzen aus samenfesten Sorten	12.390,90 €	40,35 %
Summe Aufwendungen für Saatgut und Pflanzmaterial		30.708,67 €	100,00 %

Betriebliche Aufwendungen – Saatgut und Pflanzmaterial – *Betrieb B*			
4501	Aufwendungen für Saatgut aus Hybridsorten	16.098,34 €	52,42 %
4502	Aufwendungen für Saatgut aus samenfesten Sorten	231,98 €	0,75 %
4503	Aufwendungen für Jungpflanzen aus Hybridsorten	13.987,45 €	45,54 %
4504	Aufwendungen für Jungpflanzen aus samenfesten Sorten	390,90 €	1,27 %
Summe Aufwendungen für Saatgut und Pflanzmaterial		30.708,67 €	100,00 %

Die Beispielrechnung zeigt auf, dass Betrieb B, der überwiegend Hybridsaatgut für seine Aussaat verwendet, ein erhebliches betriebswirtschaftliches Risiko in sich trägt. Sein Saatgut und sein Pflanzmaterial stammen zu 97,96 Prozent aus Hybridzüchtung, deren genetisches Ausgangsmaterial im alleinigen Besitz von großen global agierenden Saatgutfirmen ist. Fällt die Zulieferung aus irgendeinem Grund aus, kann er nicht produzieren. Außerdem ist er mitverantwortlich am Verlust an genetischer Variabilität.

Betrieb A setzt dagegen zu 83,44 Prozent auf samenfeste Sorten, aus denen er im Bedarfsfall wieder eigenes Saatgut entnehmen kann. Sein betriebswirtschaftliches Risiko beim Zugang zu Saatgut bzw. genetischer Ressource von Nutzpflanzen ist sehr gering. Da er samenfeste Sorten verwendet, kann er davon ausgehen, dass die Qualität der Sorten in der nächsten Generation stabil bleibt.

Diese vier Beispiele sollen genügen, um zu zeigen, wie der Kontenrahmen als Instrument benutzt werden kann, um das Betriebsgeschehen eines landwirtschaftlichen Betriebes im Hinblick auf nachhaltiges Wirtschaften zu analysieren. Welche Konten in den Kontenplan zusätzlich aufgenommen werden, hängt im Moment von jedem einzelnen Betrieb ab, da es noch keine gesetzlichen Vorschriften zu spezifisch ökologischer und sozialer Leistungskontierung gibt. Wichtig ist, dass trotz jeder Veränderung, die vorgenommen wird, die gesetzlich gültige Form der Finanzbuchhaltung im Kern erhalten bleibt.

Die Ergebnisse der differenzierten Buchhaltung können nicht nur zur externen und internen Berichterstattung herangezogen, sondern auch zur Unternehmenssteuerung verwendet werden. Der Betriebsleiter erhält auf dieser Basis die notwendigen Daten zur wertgesteuerten Unternehmensentwicklung. Neben der kurzfristigen Erfolgsrechnung kann aufgrund der neuen Erfassungsmethode eine langfristige Erfolgsrechnung erstellt werden, man könnte sie eine Nachhaltigkeits-BWA nennen. Der Unternehmer kann aus den Daten ablesen, wie sich die sozialen und ökologischen Betriebsergebnisse im Laufe des Monats, des Jahres und der

Jahre entwickelt haben. Lag eine Betriebsentwicklungsplanung vor, so können die Ergebnisse mit der Planung verglichen werden. Die Daten und Auswertungen sind auch brauchbar für den Außenvergleich, denn sie ermöglichen einen Vergleich zwischen einzelnen Betrieben in Bezug auf ihre sozialen und ökologischen Leistungen.

Die Ergebnisse der um soziale und ökologische Nachhaltigkeitsparameter erweiterten Buchhaltung sind auch gut brauchbar für eine bessere Transparenz des Betriebsgeschehens in seinem Außenverhältnis zu seinen Stakeholdern und Kunden. Mit der Nachhaltigkeits-BWA wären belegbare Daten zur Nachhaltigkeit vorhanden, die kommuniziert werden können. Auf dieser Datenbasis könnte man eine Reihe von finanziellen Ausgleichzahlungen gemäß den Vorschlägen auf den Seiten 86 bis 97 dieses Buches aufbauen.

Da gerade die sozialen und ökologischen Geschäftsergebnisse von öffentlichem Interesse sind, wäre es angebracht, dass die neu gewonnenen Daten im Hinblick auf die ökologische und soziale Praxis in den Unternehmen in den Geschäftsberichten veröffentlicht werden. Das würde viel Klarheit in die Nachhaltigkeitsdebatte bringen und die Entwicklung hin zu einer nachhaltigeren Wirtschaft beschleunigen.

In der Kundenkommunikation könnten die Daten für mehr Produkt- und Betriebstransparenz sorgen, indem die Daten in einer mobilen Informationsressource eingespeist würden und die Konsumenten diese beim Einkauf über ihre Smartphones abrufen könnten. Das würde den Konsumenten eines Produktes in die Lage versetzen, seine Kaufentscheidung bewusster und im Sinne des marktwirtschaftlich essenziell wichtigen Wettbewerbs zu treffen. Im Sinne des Grundsatzes der Marktwirtschaft, dass sie nur richtig funktioniert, wenn der Marktteilnehmer vollständige Information besitzt, wäre das Verfahren mit der Schaffung vollständiger Transparenz sicher ein Fortschritt.

Stufe 2 – die Einführung neuer Wertkonten

In Stufe 2 der Erweiterung werden Konten geschaffen, für die es bisher noch keine abstrahierten Ertragskonten gibt, die aber ökonomische Relevanz besitzen. Sie müssen ähnlich behandelt werden wie übliche betriebliche Investitionen, die einer Abschreibung oder Zuschreibung unterliegen.

Beispiel Biodiversität:

Engagiert sich ein Unternehmer für die Erhaltung und Neuschaffung von biologischer Vielfalt, hat er einen finanziellen Aufwand, entweder in Personal- oder in Sachaufwendungen. Diese realen Ausgaben fließen bereits über die Buchhaltung in die Bilanz ein. Dagegen gibt es noch kein Ertragskonto für die Schaffung von Werten der biologischen Vielfalt. Denkbar wäre, dass derselbe Wert, der auf der Aufwandsseite in die Bilanz einfließt, auch auf der Ertragsseite bei den Kapitalkonten gebucht wird unter dem neu geschaffenen Konto: selbst geschaffene Werte an Biodiversität. Damit wäre noch nicht der eigentliche langfristige Wert der Leistung gefasst und auch nicht überprüft, ob die gewünschte Wirkung wirklich eintritt, aber immerhin wäre der finanzielle Aufwand abgegolten, in dem der entstandene Gegenwert im Kapitalvermögen festgehalten ist. Dasselbe Verfahren kann für weitere Wertbildungskonten angewendet werden. Wo betriebliche Leistungen am Natur- und Humankapital nachweislich erbracht werden, müssen Ertragskonten eingerichtet werden und der darin erfasste Wert eine Auswirkung auf das Kapitalvermögen des Unternehmens haben. Denkbar wären Zuschreibungen oder Abschreibungen auf das Kapitalvermögen. Als neue Konten könnten hier in der Kontenklasse 1 aufgenommen werden:

- selbst geschaffene Werte an Bodenfruchtbarkeit,
- selbst geschaffene Werte an Biodiversität,
- selbst geschaffene Werte an fachlicher Qualifikation,
- selbst geschaffene Werte an Kulturlandschaft,
- selbst geschaffene Werte an Versorgungssicherheit,
- selbst geschaffene Werte an Arbeitsqualität.

Die Liste der Wertkonten im Hinblick auf die soziale und ökologische Vermögensbildung kann fortgesetzt werden. Natürlich müssen hinter den Konten belegbare erbrachte Leistungen oder nicht erbrachte Leistungen stehen. Der Betrieb muss deshalb einen gewissen Mehraufwand an Dokumentation der Arbeitsprozesse in Kauf nehmen.

Stufe 3 – Ableitungen in die Gewinn-und-Verlust-Rechnung und Bilanz

Sobald der Kontenplan systematisch nach den Regeln der neuen und erweiterten Buchhaltung erstellt ist, sodass die entsprechenden Finanzwerte eingestellt werden können, kann die Gewinn-und-Verlust-Rechnung mit der bisher verwendeten Rechenlogik daraus abgeleitet werden. Zum Ende des Geschäftsjahres werden die Gewinn-und-Verlust-Rechnung und die Bilanz erstellt. Die neuen Wertbildungskonten mit den sozial-ökologischen Leistungen sind dabei inbegriffen und verändern die Geschäftsergebnisse entsprechend der erbrachten oder nicht erbrachten sozialen und ökologischen Leistungen.

Erfasst die erweiterte Buchhaltung alle realökonomischen Vorgänge in einem Betrieb und werden die Daten in die Finanzbuchhaltung im Sinne des nachhaltenden Wirtschaftens eingepflegt, so wird sich der einzelne Betrieb und in der Folge die ganze Wirtschaft mittel- und langfristig in seiner Erscheinungsform ändern. Denn Leistungen zur langfristigen Erhaltung von Ressourcen zu erbringen, wird sich für den Betrieb finanziell lohnen. Vielfältig zu wirtschaften und über kurze Wege zu vermarkten werden nicht mehr nur dem ökologischen Gewissen zugeschrieben werden, sondern den Unternehmen mehr finanziellen Gewinn einbringen als der Transport möglichst großer Mengen über lange Strecken. Der Aufbau von Bodenfruchtbarkeit wird ein lukratives Geschäft und die Ausbildung von jungen Landwirten ist eine Investition, die sich für den Betrieb unmittelbar lohnt, weil sein Betriebsvermögen steigt.

Eröffnung eines Forschungsfeldes

Ich bin mir bewusst, welche enormen Anstrengungen in der wissenschaftlichen Erforschung und der praktischen Anwendung noch unternommen werden müssen, bis die erweiterte Buchhaltung und Bilanzierung sozialer und ökologischer Leistungen in die betriebliche Praxis eingeführt werden kann. Es ist mir aber auch bekannt, dass es mehrere Institutionen gibt, die an der Ausarbeitung einer erweiterten Unternehmensbilanz arbeiten. Dazu zählen die großen Wirtschaftsprüfungsgesellschaften genauso wie einige Hochschulen, Unternehmen und Nichtregierungsorganisationen. So hat der Sportartikelhersteller PUMA bereits vor Jahren eine ökologische Gewinn-und-Verlust-Rechnung für ein Geschäftsjahr erstellt. Auch für die Landwirtschaft wurden in der Vergangenheit Methoden zur Nachhaltigkeitsberichterstattung entwickelt. Eine gewisse Bedeutung haben die Methode der Deutschen Landwirtschaftsgesellschaft DLG, des Forschungsinstituts für biologischen Landbau FiBL und die sozial-ökologische Berichterstattung der Regionalwert AG. International kann wohl die Global Reporting Initiative GRI als fortentwickeltste Methode angesehen werden. Auf diesen Vorarbeiten kann aufgebaut werden, wenn die Synthese der Nachhaltigkeitsberichterstattung mit der gewöhnlichen Bilanz in Angriff genommen wird.

In den kommenden Jahren werden hierzu praktische Versuche im Rahmen eines Forschungsprojektes der Agronauten e.V. in Zusammenarbeit mit einigen Hochschulwissenschaftlern und weiteren Experten vorgenommen. Am Beispiel einiger Betriebe der Regionalwert AG Bürgeraktiengesellschaft in der Region Freiburg soll im Laufe der kommenden Jahre eine erweiterte Buchhaltung und gesamtwirtschaftliche Bilanz probehalber erstellt und fachlich und öffentlich diskutiert werden.

Die wohl größte Herausforderung in der Entwicklung dieser neuen Verfahren wird die Verständigung zwischen den beteiligten Disziplinen werden. Erfahrungsgemäß besitzt man heute zwar hohes Expertenwissen, aber wenig interdisziplinäres. Ein Wirtschaftswissenschaftler oder ein Wirtschaftsprüfer besitzen gewöhnlich kaum Wissen über die Zusammenhänge von Bodenfruchtbarkeit und den betrieblichen Bedingungen der Bodenbewirtschaftung, und ein Landwirt ist normalerweise kein Buchhaltungs- und Bilanzexperte. In Forschung und Wissenschaft ist zum Beispiel zu Ökosystemleistungen der Landwirtschaft viel erforscht und ausgearbeitet worden, aber welcher Wissenschaftler auf dem Gebiet arbeitet schon mit einem Finanzbuchhalter zusammen? Diese Sprachlosigkeit zwischen den Disziplinen muss überwunden werden, das kann zunächst am besten innerhalb der angewandten Forschung gelingen, die Zusammenarbeit in der Praxis muss folgen.

Man muss sich auch davon verabschieden, die gesamte Problemstellung auf einmal lösen zu wollen. Daran sind schon frühere Versuche der Umweltkostenrechnung gescheitert. Es geht jetzt darum, mit ersten kleinen, nachvollziehbaren Elementen zu zeigen, dass die Forderung nach Internalisierung externer ökologischer und sozialer Kosten in die betriebliche Rechnung die ökonomische Logik konsequent fortführt und nicht, wie viele meinen, ihr widerspricht.

In dem Zusammenhang muss man sich auch wieder ins Bewusstsein rufen, dass die jetzt gültige gesetzliche Form der betrieblichen Rechnungslegung noch jung ist und in den vergangenen 150 Jahren stufenweise reformiert wurde. Begonnen hat die Regulierung durch das Handelsgesetzbuch im Jahr 1865. Damals waren es gerade einmal vier ganze Sätze, die vorgaben, wie die betriebliche Rechnungslegung auszusehen hat. Fünf Novellierungen hat es bis dato gegeben. Nun ist es an der Zeit, den nächsten großen Schritt zu machen.

Gesetzgebung in der Pflicht

Natürlich ist die erweiterte Buchhaltung und Bilanzierung nur wirklich wirksam, wenn die neuen Regeln für alle Unternehmen gleichermaßen gelten. Dafür hat die Gesetzgebung zu sorgen. Dass soziale und ökologische Faktoren des Wirtschaftens im Bewusstsein der Legislative angekommen sind, zeigt die neue Richtlinie zur Geschäftsberichterstellung, die zum 1. Januar 2017 in der EU umgesetzt werden soll. Dazu ist auf der Internetseite der EU-Kommission für Bank- und Finanzwesen zu lesen:

> Die Richtlinie 2014/95/EU über die Angabe nichtfinanzieller und die Diversität betreffender Informationen durch bestimmte große Unternehmen und Gruppen, geändert durch die Rechnungslegungsrichtlinie 2013/34/EU, schreibt den betreffenden Unternehmen vor, in ihren Rechenschaftsberichten Informationen zu ihrer Umweltpolitik und deren Risiken und Ergebnissen, sozialen und die Angestellten betreffenden Aspekten, Menschenrechten, Bekämpfung von Korruption und Bestechung sowie der Diversität im Vorstand vorzulegen. Dadurch erhalten Investoren und andere Interessenträger ein umfassenderes Bild der Leistung eines Unternehmens.
>
> Die neuen Regeln werden nur für große Unternehmen mit mehr als 500 Mitarbeitern gelten. Dazu zählen börsennotierte Unternehmen sowie einige nicht börsennotierte Unternehmen wie

Banken, Versicherungen und andere Unternehmen, die aufgrund der Art ihrer Tätigkeit, ihrer Größe oder der Zahl ihrer Beschäftigten von den Mitgliedstaaten benannt wurden. Betroffen sind ungefähr 6000 Großunternehmen und Gruppen in der EU.

Die Richtlinie bietet ausreichend Spielraum für Unternehmen, die relevanten Informationen in der für sie am sinnvollsten Form oder aber in einem getrennten Bericht vorzulegen. Unternehmen können internationale, europäische oder nationale Leitlinien ihrer Wahl zugrundelegen (z.B. UN Global Compact, OECD-Leitlinien für multinationale Unternehmen, ISO 26000 usw.).«

Auch wenn die neue Richtlinie ein weiterer Schritt in die richtige Richtung geht und sie zu begrüßen ist, wird man die Erfahrung machen, dass der Schritt noch zu kurz greift. Erstens, weil die Richtlinie nur große Unternehmen erfasst, und zweitens, weil sie noch zu wenig bilanzwirksam ist.

Die neue Richtlinie wurde vor dem Hintergrund der Bewertung von Unternehmen durch Finanzanalysten für verschiedene Anspruchsgruppen, wie zum Beispiel Investoren, erstellt. Große Unternehmen arbeiten ja oft mit fremdem Kapital, zum Beispiel in Aktiengesellschaften, deren Aktien an der Börse gehandelt werden. Die Analysten brauchen umfangreiches Datenmaterial, um eine tragfähige und realistische Bewertung der Unternehmen erstellen zu können. Lassen sie wichtige Faktoren außen vor, gehen sie das Risiko ein, falsch bewertet zu haben. In der Folge kann es passieren, dass den Investoren Geld verloren geht. Der Analyst könnte dafür haftbar gemacht werden, wenn er Risiken übersehen oder übergangen hat. Nun wird immer offensichtlicher, dass soziale und ökologische Risiken nicht nur theoretisch bestehen, sondern sich auch tatsächlich realisieren können. Die neue Praxis wird dazu führen, dass ein Unternehmen mit guter finanzieller Performance, aber hohen sozialen und ökologischen Risiken an Attraktivität an den Kapitalmärkten verliert oder es die Risiken im höheren Verzinsungsangebot ausgleichen muss.

Es wird spannend werden zu verfolgen, wie offen und ehrlich die Unternehmen berichten, und vor allem, wie die sozialen und ökologischen Geschäftsergebnisse in die Bewertung eingehen werden. Wer und wie wird bewertet? Werden sich die Finanzanalysten und die Wirtschaftsprüfungsinstitute sowie die Finanzbeamten das notwendige Know-how und die Urteilsfähigkeit über den Wert von Bodenfruchtbarkeit, Biodiversität und regionaler Versorgungssicherheit aneignen können?

Eine mögliche Vorlage hierzu bietet das Verfahren der Gemeinwohlökonomie. Die Initiatoren haben ein Punktesystem für die Bilanzierung der unternehmerischen Leistungen zum Gemeinwohl ausgearbeitet, an dem sich schon viele Unternehmen in Mitteleuropa evaluieren und bewerten lassen. Die Frage ist aber auch hierbei: Wer legt die Maßstäbe für die Bewertung fest? Das heißt: Wer vergibt für was wie viele Punkte? Das heißt: Wer vergibt für was wie viele Punkte und wie viel Euro ist ein Punkt wert?

Schluss

»Es muss sich rechnen« ist in der Tat die richtige Formel für eine nachhaltige Ökonomie. Nur müssen wir dafür sorgen, dass die Rechnung stimmt, und dies ist gegenwärtig noch nicht der Fall. Der Schlüssel zur richtigen Rechnung ist die Erweiterung der betrieblichen Buchhaltung als dem entscheidenden Instrument zur Vermessung der wirtschaftlichen Prozesse in den Unternehmen. Diese umfassende Vermessung ist die Grundlage dafür, dass die realen Vorgänge überhaupt sichtbar und anhand von Daten abstrakt erfasst werden können. Auf der Basis der dadurch erhaltenen umfangreichen Informationen können dann die Wertfeststellungen über Gewinn und Verlust, Erfolg und Risiko eines Geschäftsjahres getroffen werden. Wie ausführlich dargelegt, handelt es sich bei dem Vorgehen, die sozialen und ökologischen Effekte des Wirtschaftens in die normale betriebliche Bilanz zu internalisieren, nicht um eine neue Erfindung ökologisch gesinnter Idealisten, sondern um ökonomischen Realismus modernster und zukünftiger Prägung. Mit der Synthese von ökonomischer Rechnung und ökologisch und sozialer Vorsorgeleistung in der betriebswirtschaftlichen Kalkulation hebt sich der bestehende Widersinn auf, dass mit wirklicher und ernsthafter Zukunftssicherung weniger Geld zu verdienen ist als mit dem Raubbau an den natürlichen Ressourcen. Die Grundvoraussetzung für eine erfolgreiche Synthese ist die Einsicht, dass immer und überall, wo gewirtschaftet wird, positive und negative Effekte und Wirkungen auf die natürlichen

Grundlagen und sozialen Werte ausgelöst werden. Die Bewertung einer Unternehmensleistung kann erst dann ernst genommen werden, wenn die ganzen Wirkungen des gesamten Wertschöpfungsprozesses objektiv erfasst und in einer Gesamtrechnung berücksichtigt wurden. Ein Unternehmensgewinn ist erst dann wirklich ein Gewinn, wenn die Natur- und Sozialvermögen dabei nicht abgenommen, sondern erhalten wurden oder sogar zugenommen haben. Denn was ist ein Unternehmensgewinn realiter wert, wenn gleichzeitig Risiken, Schäden und Kosten entstanden sind, die vielleicht den falsch errechneten Gewinn übersteigen? Nichts.

Um es noch einmal in aller Deutlichkeit zu formulieren: Der Wert und somit der Preis eines Produktes oder einer Leistung muss die Gesamtkosten und Gesamterträge aller Wirkungen seiner Produktion beinhalten.

Die verbreitete Scheu davor, ökologische und soziale Werte in Geld auszudrücken, verhindert ein wirkliches Weiterkommen in der Bemühung, kommenden Generationen die Grundlage zu ihrer Existenz zu schaffen. »Es rechnet sich nicht« und »man kann nicht alles in Geld ausdrücken« sind meines Erachtens die beiden verhängnisvollsten Aussagen, die einen echten Schritt zu mehr nachhaltigem Wirtschaften verhindern. Es ist an der Zeit, sich von den beiden Behauptungen zu verabschieden. Die Sorge vor einer Überökonomisierung des Lebensalltags ist falsch, weil so gut wie jede Handlung eine ökonomische ist, beim Konsum genauso wie in der betrieblichen Wirtschaft. Es geht darum, die Wirtschaft zu entmystifizieren, bei denen, die wirtschaftsgläubig sind ebenso wie bei denen, die der Wirtschaft eher ablehnend gegenüberstehen.

Wie ausführlich dargelegt, muss der Hebel an der betrieblichen Rechnungslegung und der Bilanzierung angesetzt werden, weil sie die entscheidenden Instrumente der Unternehmenssteuerung sind. Wer schon einmal ein Unternehmen geführt hat weiß, welche Dominanz von diesem Instrument ausgeht. Diese Dominanz ist zu nutzen, um eine nachhaltende Betriebswirtschaft aufzubauen. Ein entscheidender Vorteil dieser Vorgehensweise wäre, dass man im ökonomischen, ja sogar kapitalistischen Denken und Handeln bleiben kann und es nicht ablehnen muss, wenn man soziale und ökologische Achtsamkeit einfordert. Zukünftig muss mit nachhaltigem Wirtschaften Geld verdient werden und Wohlstand entstehen können und nicht mit Raubbau.

Der Kapitalismus muss richtig begriffen und angewendet werden und nicht nur seine Rumpfform als Ökonomie bezeichnet werden. Ist dieser gedankliche Schritt gemacht, müssen die verwendeten Hilfsinstrumente angepasst werden. Die Finanzbuchhaltung ist dabei das entscheidende Werkzeug, denn sie bildet die Prozesse im Betrieb ab und sammelt die Informationen, die in der Folge für sämtliche Entscheidungen auf das Unternehmen wieder verwendet werden. Was sie nicht erfasst, fließt nicht in die Informationen ein und geht zunächst verloren, bevor sie als Umwelt- oder Sozialkosten aus Schadensbehebungen wieder in den »Büchern« von Staat und Wirtschaft auftauchen.

Pflanzen, dic mit einem solch stümperhaften genetischen Abstraktionsinstrumentarium ausgestattet wären wie die Wirtschaftsunternehmen, hätten kaum eine Chance, in ihrem natürlichen Umfeld zu überleben.

Über den Autor

Christian Hiß, Jahrgang 1961, ist auf einem der ersten Biohöfe Deutschlands in Eichstetten am Kaiserstuhl aufgewachsen. Der elterliche Betrieb wurde bereits 1951 auf die biologisch-dynamische Bewirtschaftung umgestellt. Als gelernter Gärtnermeister gründete er im Alter von 21 Jahren einen eigenen Demeter-Gemüsebaubetrieb, den er erfolgreich als Einzelunternehmen führte. Im Jahre 2006 gründete er mit seinem Betriebsvermögen die Regionalwert AG Bürgeraktiengesellschaft in der Region Freiburg. Auf der Grundstruktur einer Bürgeraktiengesellschaft entsteht ein Netzwerk von Unternehmen der regionalen Biobranche.

2011 schloss er einen berufsbegleitenden Masterstudiengang am Institut for Social Banking and Social Finance und der Universität Plymouth, UK erfolgreich ab. Er arbeitet heute als geschäftsführender Vorstand der Regionalwert AG Freiburg.

Christian Hiß ist Ashoka-Fellow und Träger des Deutschen Nachhaltigkeitspreises 2009 – Sonderpreis »Social Entrepreneur der Nachhaltigkeit«, verliehen vom Rat für nachhaltige Entwicklung der Bundesregierung. 2011 wurde er zum »Social Entrepreneur des Jahres« von der schwab-foundation ausgezeichnet. Von der Landesregierung Baden-Württemberg wurde er zum »Übermorgenmacher« ernannt.